U0936499

珍藏本
纪念版

汉译世界学术名著丛书

论宇宙的体系

〔英〕伊萨克·牛顿 著

赵振江 译

商务印书馆
SINCE 1897 The Commercial Press
2017年·北京

Isaac Newton

A TREATISE OF THE SYSTEM OF THE WORLD

根据该书 1731 年英文本译出

伊萨克·牛顿爵士（1642—1727）

DE MUNDI SYSTEMATE LIBER

ISAACI NEWTONI.

LONDINI:
Impenſis J. TONSON, J. OSBORN,
& T. LONGMAN.
MDCCXXVIII.

（拉丁文第一版内封）

A

TREATISE

OF THE

SYSTEM

OF THE

WORLD.

BY

Sir *ISAAC NEWTON*.

Translated into ENGLISH.

The SECOND EDITION, wherein are interspersed some Alterations and Improvements.

LONDON:

Printed for F. FAYRAM, at the South Entrance under the *Royal Exchange*.

M DCC XXXI.

（英文第二版内封）

汉译世界学术名著丛书
（120年纪念版·珍藏本）
出 版 说 明

2017年2月11日，商务印书馆迎来120岁的生日。120年前，商务印书馆前贤怀揣文化救国的理想，抱持"昌明教育，开启民智"的使命，立足本土，放眼寰宇，以出版为津梁，沟通中西，为中国、为世界提供最富智慧的思想文化成果。无论世事白云苍狗，潮流左右激荡，甚至战火硝烟弥漫，始终践行学术报国之志，无改初心。

迻译世界各国学术名著，即其一端。早在20世纪初年便出版《原富》《大演论》等影响至今的代表性著作，1950年代后更致力于外国哲学和社会科学经典的译介，及至1980年代，辑为"汉译世界学术名著丛书"，汇涓为流，蔚为大观。丛书自1981年开始出版，历时三十余年，迄今已推出七百种，是我国现代出版史上规模最大、最为重要的学术翻译工程。

丛书所选之书，立场观点不囿于一派，学科领域不限于一门，皆为文明开启以来，各时代、各国家、各民族的思想与文化精粹，代表着人类已经到达过的精神境界。丛书系统译介世界学术经典，引领时代思想，为本土原创学术的发展提供丰富的文化滋养，为推动中国现代学术和现代化进程做出了突出的贡献。

为纪念商务印书馆成立120周年，我们整体推出“汉译世界学术名著丛书”120年纪念版的珍藏本，寄望既利于文化积累，又便于研读查考，同时向长期支持丛书出版的译者、编者和读者致以敬意。

两甲子后的今天，商务印书馆又站在了一个新的历史时间节点上。我们不仅要铭记先辈的身影和足迹，更须让我们的步伐充满新的时代精神。这是商务人代代相传的事业，更是与国家和民族的命运始终紧密相连的事业。我们责无旁贷，必须做好我们这代人的传承与创造，让我们的努力和成果不仅凝聚成民族文化的记忆，还能成为后来人可以接续的事业。唯此，才能不负前贤，无愧来者。

商务印书馆编辑部

2017年10月

中译者序

(一)

《论宇宙的体系》是牛顿《自然哲学的数学原理》(简称《原理》,1687年版*)第三卷的原稿,约写于1685年。为了让更多的读者能理解他的宇宙体系,牛顿用了很少的数学,把前两卷(特别是第一卷)所建立的原理用于太阳系和彗星,相当通俗地阐述了吸引定律的普遍性,并由此研究地球的形状,解释岁差和海洋的潮汐,探究月球的运动,确定彗星的轨道。1686年5月,由于胡克(Robert Hooke,1635—1703)要求"重力的平方反比律"的发明权,牛顿"为了不引起争论,我把那一卷的内容以数学的风格改为命题,使得它只能被那些掌握前两卷所建立的原理的人阅读。"以数学的风格写成的第三卷在出版后又经过了多次修改,但《论宇宙的体系》一直保持着它的原貌。

早期的学者怀疑《论宇宙的体系》出自牛顿之手。如德摩根(Augustus De Morgan,1806—1871)说:"很可能是某个精明的赚钱者从(《原理》的)第三卷中弄出这样一本论著,并在牛顿无法证明它与自己有关的时候出版。"史密斯(David Eugene Smith,

---

* 以下如没有特别说明,均指该书的1687年版。

1860—1944)干脆说:“它(《论宇宙的体系》)不再被学者们认为是牛顿的著作。”虽然牛顿逝世之后确实有些书冒用他的大名,但牛顿现存的手稿证明《论宇宙的体系》的确出自他本人之手。

《原理》第三卷的历史有一点与第一卷和第二卷显著不同,科恩(Isaac Bernard Cohen,1914—2003)没有在牛顿的手稿中发现第三卷的工作手稿,即牛顿寄给哈雷用于印刷的手稿的底本,但在朴次茅斯收藏(*Portsmouth Collection*)中有成百页的天文表和天文计算,其中有些已被证明用在《原理》第三卷中。

牛顿《论宇宙的体系》的原稿现藏英国剑桥大学图书馆,编号为 MS Add. 3990。原稿的标题为 De motu corporum ,liber secondus(论物体的运动,第二卷),大部分由他的抄写员汉弗莱・牛顿(Humphrey Newton, 盛年在 1683—1720)抄写,并有牛顿的修改。也许在《原理》的写作初期,牛顿想把他的书写成两卷本的《论物体的运动》,第一卷的内容是运动的基本原理,第二卷的内容是宇宙的体系。只是在后来由于第一卷篇幅太大他才把它分为两卷,题目都是《论物体的运动》,而把原来的第二卷的题目从《论物体的运动》改为《论宇宙的体系》。科恩发现《原理》第三卷中有十四段几乎是逐字逐句抄自这一手稿。这证明 MS Add. 3990 确实是《原理》第三卷的原稿,即牛顿所说的他以通俗的方式写就的第三卷。

牛顿曾把这一手稿的前面的部分(他标出数字的二十七段)让汉弗莱抄录,作为他的讲稿交给学校(这是他做卢卡斯数学教授的职责之一)。这一抄录稿(MS. Dd. 4. 18)分为五节,供演讲用。

根据科恩的检查,手稿 MS Add. 3990 大部分由汉弗莱抄录,有些句子被牛顿划去,有的被他替换或更正。在页边上,牛顿自己加上摘要性的旁批,但他只把前二十七段标出了数字。后来他重写了第 XIV 段,删去第 XV 段,把经过重写的第 XIV 段标成第 XV 段,把原来的第 XVII 段标成第 XVI 段。但他没有继续进行标号,致使第 XVI 段之后紧接着是第 XVIII 段。在牛顿交存的讲稿中同样缺少第 XVII 段。早期的拉丁文版和英文版的《论宇宙的体系》,没有段落标号。

手稿 MS Add. 3990 中的一个奇怪现象,反映了牛顿当时的工作状况。在第 49 页上汉弗莱写下:

His in locis aestus ascendit ad pedes 40 vel 50 et ultra. Alibi aecensus ut plurimum est pedum quatuor sex vel octo et raro superat pedes decem vel deodecim.

这一段被划去,接着牛顿写下:

His in locis mare magna cum velocitate accedendo et recedendo litora nunc inundat nunc arida relinquit ad multa milliaria. Neque impetus accedendi vel recedendi prius frangi potest quàm aqua attollitur vel deprimitur ad pedes 40, vel 50 et amplius.

由于当时汉弗莱住在牛顿的套间,给他当抄写员。牛顿有可能在汉弗莱抄录时加以指示,并且有时写下自己的最新更正。

(二)

《论宇宙的体系》的拉丁文第一版在 1728 年由牛顿的外甥女婿康迪特(John Conduit,约 1688—1737)根据牛顿的手稿以 *De*

Mundi Systemate Liber Isaaci Newtoni. *Opus diu integris suis partibus desideratum. In usum Juventutis Academicœ*(伊萨克·牛顿的《论宇宙的体系》。他的整个著作的缺乏已久的部分有益于青年学者)为题在伦敦出版。这一拉丁文版在1731年再版。由卡斯蒂略努斯(Johannes Castilloneus,1704—1791)编辑的三卷本《伊萨克·牛顿爵士数学,哲学和文献学短篇著作集》(*Isaaci Newtoni, Equitis Aurti, Opuscula Mathematica, Philosophica et Philologia*)的第二卷中,亦收录拉丁文的《论宇宙的体系》。牛顿的这一著作集1744年在日内瓦出版。1779—1985年在伦敦出版的霍斯利(Samuel Horsley,1733—1806)编辑的五卷本《伊萨克·牛顿现存著作全集》(*Opera quce extant Omnia*)的第三卷中,包含拉丁文的《论宇宙的体系》。霍斯利把全文的段落分为七十八小节,并用罗马数字标记。这套《全集》在1964年影印出版。

《论宇宙的体系》的英译本由费瑞姆(F. Fayram)在1728年以 *A Treatise of the System of the World* 为名在伦敦出版。但这个译本所据的底本既不是牛顿的原稿,也不是1728年的拉丁文印本。根据科恩等人的比较研究,认为这个英译本可能是根据别的底本翻译的。而且根据牛顿的亲属留下的一份文件,《论宇宙的体系》的英译本早于拉丁文本。这个英译本在1731年出了第二版,并在1737再次发行。《论宇宙的体系》的英文第二版重印于1803年和1819年。卡加里(Florian Cajori,1859—1930)在修订莫特(Andrew Motte,1696—1734)的英文版《原理》时把《论宇宙的体系》与《原理》合在一起,他完全采用霍斯利在《论宇宙的体系》拉丁文版中对小节的标号。1934年加利福尼亚大学出版社出版了这个合集，书名为《伊萨克·牛顿爵士的自然哲学的数学原理和他的宇宙的体系》(*Sir Isaac Newton's Mathematical Principles of Natural Philosophy and his System of the World*, University of California Press,1934)。卡加里的这个版本被多次重印，流传甚广，但他的这个做法导致了人们的一些误解。如有人认为《自然哲学的数学原理》这本书应称为《自然哲学和宇宙体系的数学原理》，事实上牛顿从来没有出版过以此为书名的书。一个更常见的误解是与人造地球卫星有关的一张插图。牛顿在《原理》拉丁文第二版第 3 页说明了人造地球卫星的原理，但并没有图示，图示是在 1728 年拉丁文版《论宇宙的体系》首先中给出的。这说明牛顿最早给出人造地球卫星的原理是在 1687 年之前，而一些人误认为那张著名的图是在《原理》中给出的。顺便提一下，沃尔费斯(Jacob Philipp Wolfers, 1803—1878)的德译本《原理》(Mathematische Principien der Naturlehre, Verlag von Robert Oppenheim, Berlin, 1872)中也附有《论宇宙的体系》的德译 Ueber das Weltsystem。1969 年，道森公司(Wm. Dawson & Sons Ltd.)影印出版了 1731 年的英文第二版《论宇宙的体系》，书中有科恩写的说明。怀特赛德(Derek Thomas Whiteside, 1932—2008)认为出版一个拉—英对照的《论宇宙的体系》是有意义的，而且科恩和拉丁语专家威特曼(Anne Miller Whitman, 1937—1984)也曾准备出这样一个版本，但现在还未见出版。

《论宇宙的体系》的所有的英文本都没有署译者之名。沃尔夫(Abraham Wolf, 1876—1948)在他的《十六和十七世纪的科学、技术和哲学史》(*A History of Science, Technology, and Philos-*

ophy in the 16 & 17*th Centuries*)中引用1803年伦敦版《论宇宙的体系》时，指明莫特为英译者。卡加里在比较《论宇宙的体系》和《原理》的第一个英译本之后，认为其译者与《原理》的第一个英译者是同一个人，即莫特。其理由有二：其一是《论宇宙的体系》中的一长段拉丁文与《原理》第三卷的一个拉丁文段落基本相同，它们的英译文基本相同。其二是在这一长段拉丁文(出现在《论宇宙的体系》§67，对应《原理》卷三命题XLI的例子)中从句“Nam quod dicitur Fixas ab Aegyptiis comatas nonnunquam visas fuisse”中的“comatas”在两本书中都被译成“coma or capillitium”。这样的例子还有(《论宇宙的体系》§59，对应《原理》卷三引理IV中的一段)，拉丁文均为“Idem colligitur ex curvatura viæ Cometarum. Pergunt hæc corpora propemodum in circulis maximis quamdiu moventur celeries; at in fine cursus, ubi motus apparentis pars illa quæ à parallaxi oritur majorem habet proportionem ad motum totum apparentem, deflectere solent ab his circulis, & quites Terra movetur in unam partem abire in partem contrariam. Oritur hæc deflexio maximé ex Parallaxi, propterea quod respondet motui Terræ; & insignis ejus quantitas meo computo collocavit disparentes Cometas satis longé infra Jovem. Unde consequens est quòd in Perigæis & Periheliis, ubi propius adsunt, descendunt sæpius infra orbes Martis & inferiorum Planetarum.”《原理》的英译文为“The same things may be deduced from the incurvation of the way of the comets; for there bodies move almost in great circles, while their velocity is great; but about the end of their course, when that part of their apparent motion which arises from the parallax bears a greater proportion to their whole apparent motion, they commonly deviate from those circles, and when the earth goes to one side, they deviate to the other; and this deflxion, because of its corresponding with the motion of the earth, must arise chiefly from the parallax; and the quantity thereof is so considerable, as, by my computation, to place the disappearing comets a good deal lower than Jupiter. Whence it follows that when they approach nearer to us in their perigees and perihelions they often descend below the orbs of Mars and the inferior planets. "《论宇宙的体系》中的英译文与此基本相同。

科恩认为卡加里把《论宇宙的体系》的译者定为莫特的论据并不充分，因为《论宇宙的体系》的英译本较《原理》的英译本早出版一年，莫特有充分的时间参照《论宇宙的体系》的英译。但仔细考察《原理》的英译本，可知它所依据的底本是《原理》的第二版，在《原理》的第三版(1726年)出现之后，译者又进行了修改，但修改并不彻底，从中能看出他使用《原理》第二版的痕迹。因此莫特翻译《原理》用时较长，他不大可能在《论宇宙的体系》的英译本出现之后，对着它的拉丁文本来翻译(或修改)《原理》的第三卷。也许出版商知道莫特在翻译《原理》，而让他翻译内容与《原理》有关的《论宇宙的体系》。否则很难解释《论宇宙的体系》和《原理》卷三中相同的拉丁文段落为何译得如此相同。

（三）

牛顿自青年时代就关注天体运动。在剑桥大学因鼠疫而关闭的时期(1665 年 8 月—1667 年 4 月),牛顿回到家乡,开始了他在数学、光学和天文学上的伟大创造。他在后来的回忆中写到(MS Add. 3968, f. 85):"在同一年[1666 年]我开始思考延伸到月球的轨道的重力,并发现怎样估计在一个球内转动的小球压迫球面的力:从开普勒(Johannes Kepler,1571—1630)的行星的循环时间按照它们的轨道离中心的距离的二分之三次比,我导出把行星保持在它们轨道上的力必定与离中心的距离的平方成反比,行星围绕那个中心运行。"在返校后,牛顿把主要精力用于研究数学和光学。他任卢卡斯数学教授所讲授的课程在开始的几年也是光学。1672 年,他的光学论文在皇家学会的《哲学汇刊》上发表之后,他对光和颜色的新颖看法受到当时大多数科学家的怀疑。为了捍卫自己的理论,牛顿陷入了一场旷日持久的争论。随着对争论的厌倦,他想断绝与科学界的联系。在 17 世纪 70 年代,牛顿涉足炼金术和神学研究,无暇顾及自然哲学。在 1679 年 11 月 28 日致胡克的信中,牛顿写道:"过去的几年我努力离开[自然]哲学致力于其他研究,除非也许在闲暇时为了消遣,我不愿在哲学研究上花时间:这使我几乎完全不知道在伦敦的或者国外的哲学家近来在做什么。"正是这轮通信促使牛顿重新考虑行星的动力学问题。据牛顿后来回忆(MS Add. 3968,f. 106),他在 1679 年 12 月得出了《原理》第一卷中的命题 I 和 XI。命题 I 在更广的意义上证明了开普

勒第二定律;命题 XI 确定在椭圆轨道上运动的物体的向心力,如果力的中心在椭圆的一个焦点上,结论是向心力与物体离焦点的距离的平方成反比。按照牛顿的习惯,他没有告诉胡克;当然,也没有告诉其他人。

1684 年 8 月,哈雷(Edmond Halley,1656—1742)到剑桥访问牛顿,向他请教如何决定天体在与距离的平方成反比的力作用下的轨道问题。牛顿告诉哈雷他已从理论上解决了行星运动的动力学问题。哈雷要求看牛顿的证明,牛顿没有找到他的手稿,但他答应找到后寄给哈雷。哈雷走后,牛顿将他以前研究物体运动的结果汇集起来,写成一篇论文,题为《论物体在轨道上的运动》(*De Mote Corporum in Gyrum*,以下简称《论运动》),并在 11 月寄给哈雷。这篇长度仅为九页的论文,经过一年多的时间发展成在 1687 年 7 月出版的长达 510 页的四开本巨著:《自然哲学的数学原理》。

(四)

已有许多学者从不同的角度研究《原理》的写作和出版过程。我们着重讨论《论宇宙的体系》与《论运动》以及《原理》(1687 年版)的关系。

《论运动》由三条定义,四条假设,两条引理和十一个命题(四条定理和七个问题)构成。这些定义,假设,引理和命题在《原理》中出现的情况如下。

《原理》共有八条定义,定义 III(物体的固有的力)由《论运动》

中的定义 2 改动而来;定义 V(向心力)由《论运动》的定义 1 改动而成。《论运动》中的定义 3 没有进入《原理》的定义系统。

《论运动》的假设 1 只是一个说明:前九条命题处理的物体所遇到的阻力为零,后面的命题所处理的物体所遇到的阻力与物体的速度和介质的密度的联合成比例。前九条命题与《原理》第 I 卷的主题相同:物体在无阻力介质中的运动。后两条命题与《原理》第 II 卷的主题相同:物体在阻力介质中的运动。假设 2 是伽利略(Galilei Galileo,1564—1642)的惯性定律,在《原理》中作为公理 I(即牛顿第一定律)。假设 3 修改后作为诸公理的系理 I 进入《原理》。假设 4 没有进入《原理》的公理系统,而经扩充后作为第 I 卷的引理 X。

《论运动》的引理 1 作为第 I 卷的引理 I,引理 2 作为第 I 卷的引理 XII 而进入《原理》。

《论运动》的命题与《原理》中的命题对应关系如下表:

《论运动》	《原理》
定理 1(开普勒第二定律)	第 I 卷命题 I 定理 I
定理 2(匀速圆周运动的向心力)	第 I 卷命题 IV 定理 IV
定理 3(在任意轨道上物体的向心力的度量)	第 I 卷命题 VI 定理 V
问题 1(吸引中心在圆的周界上的向心力)	第 I 卷命题 VII 问题 II
问题 2(吸引中心在椭圆中心的向心力)	第 I 卷命题 X 问题 V

续表

问题3(吸引中心在椭圆焦点的向心力)	第I卷命题XI问题VI
定理4(开普勒第三定律)	第I卷命题XV定理VII
问题4(已知与距离的平方成反比的力的大小,确定椭圆轨道)	第I卷命题XVII问题IX
问题5(物体沿直线的下落)	第I卷命题XXXII问题XXIV
问题6(物体在阻力介质中的运动,阻力与物体的速度成正比)	第II卷命题II定理II
问题7(物体在阻力介质中的运动,阻力与物体的速度成正比,向心力为常数)	第II卷命题III问题I

《论运动》的定理1—3和问题1构成《原理》第I卷第II部分的主要内容;问题2—4和定理4构成《原理》第I卷第III部分的主要内容。因为牛顿在《论运动》只考虑行星的轨道,所以他只处理在平方反比力作用下轨道为椭圆的情形。在《原理》中他考虑了所有圆锥截线轨道,以及更复杂的轨道(螺线,甚至任意曲线)。问题5只包含椭圆轨道的极限情形,在《原理》中被扩充为第I卷第VII部分。问题6和7构成第II卷第I部分的主体,问题7的解释(Scholium)被改写为第II卷命题IV问题II。

《论运动》中没有命题直接进入《原理》卷III,但定理4的解释说明如何从天文观测确定行星的椭圆轨道。问题4的解释可分为两部分,前一部分说明如何从四次观测确定彗星的椭圆轨道,后一部分是开普勒问题(即求解超越方程 $x-e\sin x=z$,e,z 给定)的(近似)几何解法。关于开普勒问题的解构成《原理》第I卷第VI

部分的核心。

对许多人而言,如果他们能写出《论运动》的话,也会到此为止。因为要把在《论运动》中奠定的基础应用到现实世界有太多的困难。但是牛顿就是牛顿,他要追根求源,做得让自己心安理得。正如他在《原理》第一版的序言中所写的:"但我既已着手月球的运动的均差,而后我也开始尝试其他问题,它们属于重力和其他力的定律和度量,以及物体按照任意给定的吸引定律画出的图形,多个物体彼此之间的运动,在阻力介质中物体的运动,介质的力,密度和运动,彗星的轨道,等等,出版的时间比我预想的推迟了,以便我能探究其余问题并把它们一起刊行。"

牛顿在《论运动》寄出之后,他一方面在修改、扩充,另一方面,搜集天文数据,努力把运动理论应用于太阳系。也就是说,他也开始了《论宇宙的体系》的写作。

从牛顿与天文学家弗拉姆斯蒂德(John Flamsteed,1646—1719)的通信中,可以大致反映他研究《论宇宙的体系》中一些问题的日期。

1685 年 1 月 5 日　弗拉姆斯蒂德致信牛顿,他猜测牛顿正用他的运动理论确定彗星的轨道。信中给出木星的四颗卫星的距角。在《论宇宙的体系》§6,牛顿引用这封信中弗拉姆斯蒂德给出的数据。

1 月 12 日　牛顿致信弗拉姆斯蒂德,说他打算按照行星遵循的运动原理确定 1664 年和 1680 年的彗星的轨道。并想知道土星的卫星的轨道的大小,以及木星和土星的轨道的长轴。牛顿想知道开普勒第三定律在天体中符合到何种程度。他向弗拉姆斯蒂德表示，在他发表论文之前他要对这一课题追根求源。此时牛顿正试图把他的动力学用于太阳系。在2月23日写给朋友阿斯顿(Francis Aston，1645—1715)的信中，牛顿透露了他在天体运动中应用他的运动理论时遇到的困难。

9月19日　牛顿致信弗拉姆斯蒂德，此时牛顿还没有计算出彗星的轨道，但他打算着手此事，并重新考虑1680年的彗星，觉得1680年11月和12月出现的两颗彗星很可能是同一颗彗星。由于卡西尼(Gian Domenico Cassini，1625—1712)和弗拉姆斯蒂德对彗星的观测数据不一致，牛顿希望对他寄去的弗拉姆斯蒂德的观测抄本上标出较精确的观测。牛顿对彗星轨道的计算依赖三次观测。他表示，如果他能得到三个距离适当的精确观测，他期望计算出的彗星轨道不仅与1680年12月，1681年1月、2月、3月的观测精确相符，而且与彗星在临近太阳之前的1680年11月的观测精确相符。《论宇宙的体系》§76说明1680年11月和12月出现的彗星是同一颗。

10月10日　弗拉姆斯蒂德致信牛顿，给出他在10月2日观测到的几颗恒星的位置，这有助于牛顿确定彗星的轨道。牛顿在10月14日的回信中称赞弗拉姆斯蒂德精确的观测会使自己在确定彗星的轨道时节省许多力气。牛顿在1685年9月—11月的两个月中致力于确定1680年彗星的轨道但没有结果。正如他在1686年6月20日致哈雷的信中所说的。

关于《论宇宙的体系》完成的日期，几个以研究牛顿而著称的学者都把它定在1686年。一个重要的证据是牛顿1686年6月20日致哈雷的信，在信中牛顿写道：“我原计划全书由三卷组成，

第二卷去年夏天完成，它较短且只需抄写并细心画出要刻制的图。自那时我想到的一些新命题也只好听其自然。第三卷缺少彗星的理论。在去年秋天，我在计算上用了两个月的时间但没有结果，因为缺少一个好的方法，这使我在此后又回到第一卷，除增加去年冬天我发现的事项之外，还扩充了关于彗星的一些命题。现在我计划不发表第三卷……没有第三卷的前两卷与《自然哲学的数学原理》(*Philosophiæ Naturalis Principia Mathematica*)的书名不很相符，所以我把它改为《论物体的运动两卷》(*De motu corporum libri duo*)，但我又一想还是保留它原来的书名。这可能有助于书的销售，我不该减少你的利益。"

科恩根据这封信，认为《论宇宙的体系》大概是在1685年秋之前完成。怀特赛德把《论宇宙的体系》的完成日期定在1685年夏末。威斯特福尔(Richard Samuel Westfall，1924—1996)认为到1685年11月，牛顿把《论运动》扩充为两卷书。第一卷为《论物体运动》(*De Motu Corporum*)，第二卷无标题，在1729年以《论宇宙的体系》(*De Mundi Systemate*)为名出版。它们分别为第一卷和第三卷的草稿。比原来《论运动》的篇幅约增加了十倍。多布斯(Betty Jo Teeter Dobbs，1930—1994)认为："《论宇宙的体系》可能写于1685年，当他仍以为《原理》由两卷组成之时，这一论著是其中的第二卷……"

与《原理》的第三卷相比，《论宇宙的体系》中尽管给出确定彗星轨道的方法，但没有确定任何一颗彗星的轨道。直到1685年秋，牛顿尚没有满意的方法。1686年5月，胡克要求平方反比律的发明权。愤怒的牛顿打算不出版《原理》的第三卷。经过哈雷的斡旋，平息了牛顿的怒气。牛顿以数学的方式改写《论宇宙的体系》，即把结论写成命题的形式，并加以证明，还把改进的确定彗星轨道的方法及所确定的1680年彗星运动的轨道放在《原理》的最后。改写的一个目的是为了严谨，也为了加上在1685年冬季得到的一些结果。

从1686年牛顿与弗拉姆斯蒂德的通信，也可以知道牛顿对《论宇宙的体系》的改写情况。

9月3日　牛顿致信弗拉姆斯蒂德，听说他看到了卡西尼发现的土星的两颗新卫星。根据卡西尼的观测，木星的两极之间的直径比自西向东的直径短。如果真是如此，他就能导出岁差的原因。9月9日，弗拉姆斯蒂德回信，说他没有看到土星的除惠更斯卫星（土卫六）之外的新卫星。木星的两极之间的直径确比它自西向东的直径短，所以看起来呈椭球形。他还给出木星呈椭球形的解释。他表示，如果牛顿能从木星的形状中给出岁差的原因会使他高兴，希望牛顿把这些内容插在他的即将出版的书中。

牛顿以他一贯的严谨，在《原理》的第三卷没有提土星除惠更斯卫星之外的卫星。在描述木星的形状时，牛顿引证卡西尼和弗拉姆斯蒂德的观测。正如所弗拉姆斯蒂德期望的，牛顿给出了岁差的定量解释。

《论宇宙的体系》的78节可分为五部分：§§ 1—30论太阳系中行星的运动；§§ 31—36论月球的运动；§ 37论岁差；§§ 38—56论潮汐；§§ 57—78论彗星。《原理》的第三卷由九条假设、十一条引理和四十二条命题构成。牛顿把天文观测的一些数据（如木星的卫星的循环时间，行星的循环时间和离太阳的距离）放在假设中。四十二条命题按其所处理的主题亦可分为与《论宇宙的体系》的内容对应的五部分：命题 I—XXIV 论太阳系中行星的运动；命题 XXV—XXXV 论月球的运动；命题 XXXVI—XXVIII 论潮汐；引理 I—III 和命题 XXXIX 论岁差；引理 IV—XI 和命题 XL—XLII 论彗星。但这只是一个粗略的划分，如命题 XXIV 是关于潮汐的。

《论宇宙的体系》中的一些内容，如 §1（天体的物质是流体），§16（视直径的校正），§57（论恒星的距离），§74（彗星画出的抛物线轨道穿过地球的轨道的球的时间长度），没有进入《原理》的第三卷。和《论宇宙的体系》相比，《原理》的第三卷增加最多的是月球运动的理论，原来定性的描述变成定量的了。如在 §33（在一个给定的时刻月球离地球的距离）中："由一项计算，为了简明起见我没有描述它，我也发现在时间的各个相等的瞬（moment），由月球向地球引的半径画出的面积，差不多如同数 $237\frac{3}{10}$ 与在半径为单位的圆上月球离开最近的方照的距离的二倍的正矢的和；且所以月球离地球的距离的平方如同那个和除以月球的小时运动。"《原理》第三卷命题 XXVI"求月球向地球所引的半径画出的面积的增量"用三页的篇幅描述这项计算，并最后得出结论："所以，面积，它由向地球引一半径的月球在每一相等的时间小段画出，在一个半径为一的圆上，非常近似地如同数 $219\frac{46}{100}$ 及二倍月球离最近的方照的距离的正矢之和。" §37（地球和诸行星的二分点的进动以及其轴的平动）只提了一句："……由于这个原因行星在赤道附近比在两极更厚。"《原理》第三卷命题 XIX 详细地计算地球的赤道直径与经过两极的直径之比，并在命题 XXIX 计算地球的岁差。

《原理》第三卷与《论宇宙的体系》的最大的不同，是它有一个完整的彗星理论。牛顿经过多次尝试，终于解决了确定彗星轨道这一极为困难的问题（problema longe diffcillimum）。

（五）

《论宇宙的体系》是科学史上的一部重要文献，它保留了牛顿对他的宇宙体系的原始想法，既相对独立，又是研读《自然哲学的数学原理》时的补充和参照。

本书由 *A Treatise of the System of the World* 的第二版（1731 年）译出，小节的标号采用霍斯利的。在翻译时还参考了卡加里修订的莫特译本。《论宇宙的体系》原来参照的是《论物体的运动》（*De Motu Corporum*）的手稿，《论宇宙的体系》的英译本，已改成对《原理》中相关内容的参照。限于条件，只有 § 78 参照了拉丁原文。为了方便读者，对书中出现的有些现在已罕用的词，给出了注释。卡加里修订的莫特译本的插图质量甚佳，因此中译本采用之。另外，书后附有《牛顿的生平和著作年表》，旁及当时欧洲学界和社会的有影响的事件，供对牛顿有兴趣的读者参考。

在本书的翻译过程中，得到了清华大学梅生伟教授的诸多帮助，在此我表示感谢。

译者 2004 年 12 月 6 日

于北京百望山

在译完牛顿的《自然哲学的数学原理》之后，即着手译他的《论宇宙的体系》。当时为寻找该书的拉丁文本，曾致信剑桥大学的怀特赛德教授，他的助手回信说他已病重，无法满足我的要求。因此，本书从英文翻译。在收到清样后，译者用拉丁文本和德文本作了校订。春秋代序，久病之后，怀特赛德教授已于 2008 年 4 月 22 去世，思之怅然。

2012 年 3 月 22 日译者附志

目　录

论宇宙的体系

(1) 天体的物质是流体。 1

在哲学的最早时期，认为恒星在宇宙的最高的部分保持不动，并不是少数人的古老见解；在恒星之下，诸行星被太阳携带着；地球，作为行星中的一员，围绕太阳，画出一年的路径，同时它由一个周日运动围绕自身的轴旋转；而且太阳，作为温暖整个宇宙的公共的火，被安置在宇宙的中心。

这是过去被菲洛劳斯，萨姆斯的阿里斯塔克斯，柏拉图在他的 2
壮年，以及整个毕达哥拉斯学派教导的哲学，这也是更早的阿那克西曼德的判断。作为世界以太阳为中心的图景的符号，罗马的明君，努马·庞皮利乌斯，建立了一个圆形的庙宇向女灶神(Vesta)表示敬意，并下旨在它中间保持不熄的火。

埃及人是早期的观天者，也许通过它们，这一哲学在其他民族中间传播，这些民族中的希腊人，他们爱好研究学问甚于爱好研究自然，因为从这一哲学中他们引出他们最初的，也是最合理的哲学观念；而且在女灶神的祭仪中我们能追踪埃及人的古老精神，因为它是他们传达他们奥秘的方式，亦即，他们对以思考的正常方式所不及的事物，假托宗教礼仪和象形符号的哲学。

无可否认，安那克萨哥拉，德谟克利特，以及其他人，时而出现

这样的思想：地球占据宇宙的中心，且星星向西围绕在中心静止的
3 地球旋转，一些的速度较快，另一些的速度较慢。

可是，双方承认天体的运动在完全自由且没有阻力的空间进行。固体球(solid orbs)[①]的奇想在较后的时期，当古代哲学开始衰落，并被希腊人新的盛行的想法代替时，由欧多克斯、卡利普斯和亚里士多德引入。

但是，第一位的是，彗星的现象无论如何也不能见容于固体的轨道。迦勒底人，他们是他们时代的最渊博的天文学家，把彗星(在它们被算作天体之前的古代)看作一类特殊的行星，彗星画出偏心的轨道，在一次运行中，当它们下降到它们的轨道的较低的部分时，轮流被看到一次。

固体轨道的假设在它盛行时的不可避免的结论是：彗星应被
强行推入低于月球的空间。于是，当后来的天文学家的观测把彗
4 星恢复到在天上更高的位置时，即它们在古时被认为的位置，这些
天体空间必须清除固体轨道的阻碍。

(2) 在自由空间中圆周运动的原理。

在这个时代之后，我们不知道古人以何种方式解释这一问题：在那些自由的空间中，行星怎样被保持在一定的范围内，并被从直线路径上拉离进入曲线轨道上规则地运行，如果顺其自然，行星会继续直线路径。也许引入固体球是为了这一困难得到某种程度的

① 一些古人认为行星(太阳被认为是一颗行星)被嵌在天球上围绕地球旋转。

满足。

后来的哲学家们或者认为这是由于某种涡漩(vortex)的作用,如开普勒和笛卡儿;或者由于其他的推动或吸引的原理,如博雷利、胡克,以及我国的其他一些人;因为,由运动的定律,毫无疑问,这些效果必定由这个或那个力的作用引起。

但是我们的目的仅仅是从现象确定这个力的量和性质,并应用我们在一些简单情形的发现作为原理,由这些原理,以一种数学的方式,我们能估计在更复杂的情形下力的作用;因为把每一个特 5
例置于直接的和即刻的观察将是无穷无尽的和不可能的。

我们说以一种数学的方式,是为了避免关于这种力的本性和质的所有问题,对于它们,用任何假设去推断,我们也不能理解;且所以用一个通用的名字称之为向心力,因为它是指向某个中心的一种力,且当它关系到在那个中心的一个更特殊的物体时,我们称它为环绕太阳的力,环绕地球的力,环绕木星的力;且对于其他的中心物体,亦是如此。

(3) 向心力的作用。

由于向心力,行星能被保持在一定的轨道上,如果我们考虑抛射体的运动,我们就更易于理解;因为一块被抛射的石块由于它自身重力的压迫,迫使它脱离直线的路径,即单由初始的抛射它本应继续的路径,并使得它在空中画出一条曲线,且沿着弯曲的路线它最终掉在地上;并且它被抛射的速度愈大,在它落到地球上之前所走过的路径愈长。所以我们可以假设速度如此增大,使石块在它

6 到达地球之前画出1,2,5,10,100,1000哩[①]的弧,直到最后,超出了地球的范围,它在空间中运动,不再触及地球。

设AFB表示地球的表面,C为它的中心,VD,VE,VF为假如一个物体在高山的顶部相继以愈来愈大的速度沿地平线的方向抛出时画出的曲线;又,因为在空间中运行的天体运动几乎不被空间中的很小或不存在的阻力所迟滞,为了保持情形的一致,让我们假设在地球的周围或者没有空气,或者至少它被赋予小的或没有被赋予阻力;由同样的理由,以较小的速度被抛射的物体画出较小的弧VD,且以较大的速度被抛射的物体画出较大的弧VE,再增大速度,物体跑得愈来愈远,到达F和G,如果速度仍然被一再增大,它最终将完全离开地球的周界,并返回到在山上它被抛射出去的地方。

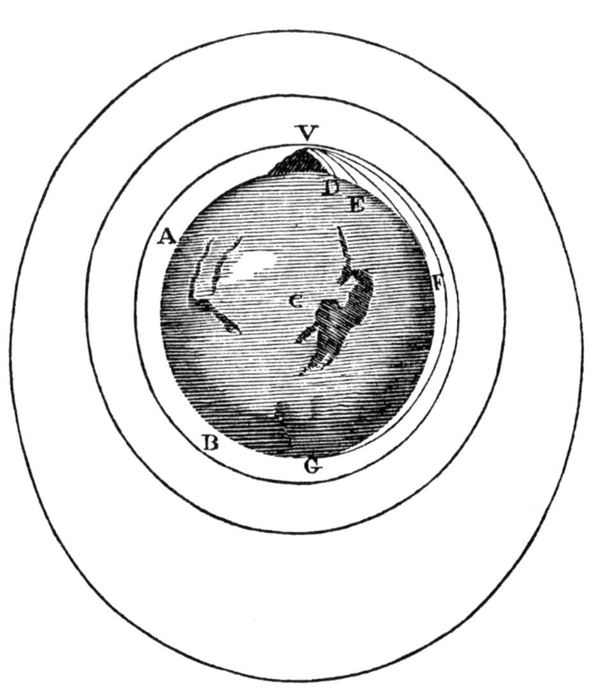

① 英制:1哩=5280(伦敦)呎=63360吋=1609.344米。

又因为物体由向地球的中心所引的半径画出的面积(由《数学 7
原理》第一卷,命题 I)与面积被画出的时间成比例,物体的速度,当它返回到山上时,不小于它初始时的速度;再者,保持相同的速度,由同一定律,物体将转来转去画出相同的曲线。

但是,如果我们现在想象物体沿平行于地平线的方向从更大的高度,如 5,10,100,1000 或更多哩,确切地说等于地球的若干半直径被抛射,这些物体,按照它们不同的速度,以及在不同高度的不同重力,画出与地球同心的,或各种偏心的弧,并如同行星在它们的轨道上那样在这些轨道上穿过天空继续运行。

(4) 证明的确定性。

且当一块石块被倾斜着抛射时,这就是,无论如何不沿垂直的方向,石块从它被抛射的直线不断地向地球偏折是它有向着地球的重力的一个证明,其确定性不低于当它从静止自由下落时的笔直下降;因为在自由空间中运动的物体脱离直线的路径,并从那里
不断地向任意的一个位置偏折,是某个力存在的真实迹象,这个力 8
从各个方向把物体推向那个位置。

又,从假设存在重力,必须得出地球附近的所有物体向下推进,且所以它们或者一定笔直地落向地球,如果物体从静止下落;或者至少持续地脱离直线跑向地球,如果它们被倾斜着抛射。因此,从存在指向任意中心的一个力的假设,由同样的必然性得出:这个力作用在其上的所有物体,必须或者笔直地落向中心,或者至少持续从直线脱离而朝向中心,否则它们将在这些直线上倾斜地运动。

而且怎样从给定的运动推知力，或者如何从给定的力确定运动，在《哲学的原理》[1]的前两卷中已加以说明。

如果假定地球不动，且恒星以 24 小时的时间在自由的空间运行，无疑恒星被保持在它们的轨道上的力不指向地球，而指向那些
9 轨道的中心，这就是一些平行的圆的中心，它们由偏向赤道这一侧或那一侧的恒星每日画出；且恒星由向轨道的中心所引的半径画出的面积精确地与所用的时间成比例。然后，由于循环时间相等(由第 I 卷命题 IV 系理 3[2])，由此向心力与每个轨道的半径成比例，且它们继续在相同的轨道上运行。从行星的周日运动的假设，能引出类似的结论。

那些力不指向它们在物理上相关的物体，而指向在地球轴上的无数想象的点的假设，也是不适当的。更为不适当的是[假设]那些力精确地按照离开这个轴的距离成比例地增加，因为这是一个增加至极大，或更确切地说增加至无穷的一种指示；其实自然之物的力在退离它们流出的源泉时通常减小。但是，更为荒谬的是，由同一颗星画出的面积既不与时间成比例，亦不在同一条轨道上
10 运行；因为，由于该星从相邻的极退离，面积和轨道皆增大；且从面积的增大证明力不指向地球的轴。再者，这个困难(第 I 卷命题 II 系理 1)起源于在恒星上观察到的双重运动，其一为环绕地球的轴的周日运动，另一为环绕黄道的轴的极为缓慢的运动。对它的说明需要力的组成是如此的复杂和变化不定，使得它很难与任何物

[1] 《哲学的原理》、《数学原理》和《原理》均指作者的《自然哲学的数学原理》。

[2] 《自然哲学的数学原理》中命题的序号。

理理论相一致。

(5) 向心力指向每个行星的中心。

存在真正地指向太阳的、地球的和其他行星的本体(body)的向心力,我如此推断。

月球围绕我们的地球运行,且由向地球的中心引的半径画出的面积近似地与它们被画出的时间成比例,从它的速度与它的视直径相比较这是显然的;因为当它的直径较小时(所以它的距离较大)它的运动较慢,当它的直径较大时它的运动较快。

木星的卫星围绕那颗行星的运行更为规则,因为就我们能感到的精确性而言,它们以均匀的运动画出与木星同中心的圆。

土星的卫星围绕这颗行星以近乎圆形的均匀的运动运行,到 11
目前为止几乎没有观测到它们由于偏心的扰动。

金星和水星围绕太阳运行,由它们的类似于月球的外观可以证明;当它们满相时,它们相对于地球在它们的轨道的比太阳更远的那些部分;当它们出现半满相时,它们在轨道上正对着太阳的那些部分;当它们呈新月状时,它们在轨道上位于地球和太阳之间的那些部分,且当它们正好位于地球和太阳之间时,有时它们穿过太阳的日轮。

且金星,以一种几乎均匀的运动,画出一个近似圆形的且与太阳共中心的轨道。

但是水星,以一种更加偏心的运动,显著地靠近太阳,然后再
轮流远离;但它在靠近太阳时总更快,且所以由向太阳引的一条半 12
径仍画出与时间成比例的面积。

最后，地球环绕着太阳，或太阳围绕地球，由从一个向另一个所引的半径，精确地画出与时间成比例的面积，这由太阳的视直径与它的视运动相比较可以证明。

存在天文学的实验；由此根据《原理》第一卷中的命题 I，II，III，以及它们的系理得出，确实存在（无论是精确地或是没有显著误差地）指向地球的、木星的、土星的和太阳的中心的向心力。对于水星、金星、火星，以及较小的行星，还需要实验，处在它们的位置，以上的论证由类推必定应被承认。

(6) 向心力按离行星的中心的距离的平方的反比减小。

那些力的减小，如同离每颗行星的中心的距离的平方的倒数，这由第 I 卷命题 IV 的系理 6 表明；因为木星的卫星的循环时间的彼此之比如同它们离这个行星的距离的二分之三次方。

13 很久以前，这个比在这些卫星上已被观测到了；而且弗拉姆斯蒂德先生，他以前常用测微仪，以及由卫星的食测量它们离木星的距离，写信给我，[说]这个比在能感觉到的范围保持极高的精确性。再者，他寄给我的由测微仪得到的[木星的]卫星轨道的大小，并约化为木星离地球，或离太阳的平均距离，以及它们运行的时间，如下：

从太阳上看卫星离木星的中心的最大距角				它们运行的循环时间			
第 1 颗	$1'$	483	或 $108''$	1^d	18^h	28^m	36^s
第 2 颗	3	01	或 181	3	13	17	54
第 3 颗	4	46	或 286	7	03	59	36
第 4 颗	8	$13\frac{1}{2}$	或 $493\frac{1}{2}$	16	18	5	13

因此距离的二分之三次方容易被看出。例如：$16^{d}.18^{h}.5^{m}.13^{s}$①比时间 $1^{d}.18^{h}.28^{m}.36^{s}$ 如同 $493\frac{1}{2}''\sqrt{\ }493\frac{1}{2}''$ 比 $108''\sqrt{\ }108''$，但忽略那些小的分数，在观测中，它们不能被准确地确定。

在测微仪发明之前，同样的距离按照木星的半直径如此被确定：

距离	第 1 颗的	第 2 颗的	第 3 颗的	第 4 颗的	14
由伽利略	6	10	16	28	
由西蒙·马里乌斯	6	10	16	26	
由卡西尼	5	8	13	23	
由博雷利，更为精确	$5\frac{2}{3}$	$8\frac{2}{3}$	14	$24\frac{2}{3}$	

在测微仪发明之后：

距离	第 1 颗的	第 2 颗的	第 3 颗的	第 4 颗的
由汤利	5.51	8.78	13.47	24.72
由弗拉姆斯蒂德	5.31	8.85	13.98	24.23
由卫星的食，更为精确	5.578	8.876	14.159	24.903

且那些卫星的循环时间，由弗拉姆斯蒂德的观测，为 $1^{d}.18^{h}.28^{m}.36^{s}$ | $3^{d}.13^{h}.17^{m}.54^{s}$ | $7^{d}.3^{h}.59^{m}.36^{s}$ | $16^{d}.18^{h}.5^{m}.13^{s}$，如上。

而由此计算出的距离为 5.578 | 8.878 | 14.168 | 24.968，与

① $x^{d}.y^{h}.z^{m}.u^{s}$表示 x 天 y 小时 z 分 u 秒。

观测的距离精确相符。

卡西尼向我们保证，在环土行星[①]上观测到了同样的比例。但在我们拥有那些行星的一个确定无疑和精确的理论之前，在观测上还需要走更长的一段路程。

15 在环绕太阳的行星中，根据最优秀的天文学家们确定的轨道的大小，水星和金星的同一比值极为精确地成立。

(7) 一等行星[②]环绕太阳运行，且向太阳所引的半径画出的面积与时间成比例。

火星围绕太阳运行，由它显示的相，和它的视直径的比例而被证明；因为它接近与太阳合时显现全相，在它的方照它呈凸相，无疑它环绕太阳。

且因为金星的直径当它与太阳冲(opposition)时显得比它与太阳合(conjunction)时约大五倍，且它离地球的距离与它的视直径成反比，这个距离当与太阳冲时约是与太阳合时的五分之一，但在这两种情形，金星离太阳的距离从在方照时它的凸相推断，几乎是相同的。且由于金星以几乎相等的距离围绕太阳，但相对于地球的远近非常地不等，因此由向太阳引的半径画出的面积几乎是均匀的；但由向地球所引的半径，它有时快，有时静止，有时甚至逆行。
16

木星，在一条高于火星的轨道上，以无论在距离上还是在画出的面积上的一个差不多是均匀的运动，由类似的方式环绕太阳

① 环绕土星的卫星。

② 环绕太阳的行星。

运行。

弗拉姆斯蒂德先生由书信向我保证，到目前为止，[木星的]最里面的卫星所有的被很好地观测的食与他的理论符合得如此精密，使得与理论从不相差两分钟的时间；对最外面的卫星，这个差大一些；对从外面数起的第二颗卫星，差不到三倍大；对从里面数起的第二颗卫星，差确实更大，但与弗拉姆斯蒂德先生的计算的符合与月球对月球表的符合同样精密；他仅从平均运动计算那些食并由罗默先生发现和引入的光行时差加以校正。那么，假定该理论与迄今描述的最外面的卫星的运动的误差小于 $2'$，取循环时间 $16^{d}.18^{h}.\ 5^{m}.13^{s}$ 比 $2'$ 的时间，如同 $360°$①的整个圆比 $1'.48''$ 的弧。弗拉姆斯蒂德先生计算的误差，约化到这颗卫星的轨道上，小于 $1'.48''$；这就是，从木星的中心看去，在确定这颗卫星的经度时误 17
差小于 $1'.48''$。但当这颗卫星在阴影的中央时，那个经度与木星的日心经度相同。所以弗拉姆斯蒂德遵循哥白尼的，并经过开普勒改进的，且（正如对于木星的运动）经过他本人修正的假设，以小于 $1'.48''$ 的误差正确地表示了那个经度；但是由这个经度，以及总是容易发现的地心经度，木星离太阳的距离被确定；所以，这必定与假设显示的相同。因为能发生在日心经度的 $1'.48''$ 的最大的误差几乎感觉不到，可以被忽略。误差也许来自那颗卫星的尚未发现的偏心率。因为经度和距离被正确地确定了，于是木星由向太

① $x^{\circ}.y'.z''.u'''.v^{iv}.w^{v}$ 或者 $x^{gr.}.y'.z''.u'''.v^{iv}.w^{v}$ 表示 $x+\frac{y}{60}+\frac{z}{60^2}+\frac{u}{60^3}+\frac{v}{60^4}+\frac{w}{60^5}$ 度。

阳引的半径，必然画出假设所要求的面积，亦即，与时间成比例的面积。

18 从土星的卫星，按照惠更斯先生和哈雷博士的观测，可以断定同样的事情；尽管为证实此事，并把它置于精确的计算之下，有待更长期的系列观察。

(8) 控制一等行星的力不是指向地球，而是指向太阳。

因为如果从太阳上观察木星，它从不出现逆行或者留，如有时在地球上看到的那样，而是以差不多是均匀的运动，一直前行。且从它的视地心运动的巨大的不等性，我们推断出（由第 I 卷命题 III 系理 4）把木星逐出直线的路径，并使它在一条轨道上运行的力，不是指向地球的中心。同样的论证适用于火星和土星。所以，应（由第 I 卷命题 II 和 III，以及后者的诸系理）寻找这些力的另一个中心，围绕它联结中心和行星的半径画出的面积会是均匀的；这个中心就是太阳，我们已经对火星和土星近似地做了证明，但是对木星的证明足够精确。可能有人会声称，太阳和诸行星被其他的

19 相等且沿平行线方向的力推动，但是由这样的力（由诸定律的系理 6）既不引起行星彼此之间位置的改变，又没有随之而来的能感觉到的效应，但我们的职责是寻找能感觉到的效应的原因。所以，让我们忽视任何像这样想象的和不可靠的，并且对天体的现象没有用处的力；使整个剩下的力，木星被它推动，指向（由第 I 卷命题 III 的系理）太阳的中心。

(9) 环绕太阳的力在所有行星的空间中按照离太阳的距离的平方的反比减小。

无论我们赞成第谷，把地球放在系统的中心，或是赞成哥白尼，把太阳放在系统的中心，得出的行星离太阳的距离是相同的，而且我们已经证明这些距离对木星是真的。

开普勒和布利奥曾经极细心地确定行星离太阳的距离；且因此他们的表与天体符合得最好。且在所有的行星中，对木星和火星，对土星和地球，以及对金星和水星，它们的距离的立方如同它
们的循环时间的平方；所以（由第Ⅰ卷命题Ⅳ系理6），环绕太阳 20
的向心力遍及所有行星的区域，且按照离太阳的距离的平方的反比减小。在验证这个比时，我们使用平均的距离，或者轨道的横截半轴（由第Ⅰ卷命题XV），并忽略那些小的分数，这些分数在轨道的确定中，可能起源于在观察上感觉不到的误差，或者能归之于我们此后将要解释的其他原因。于是我们总是断定所说的比精确地成立。因为土星、木星、火星、地球、金星和水星离太阳的距离，从天文学家的观察所获得的，按照开普勒的计算，如同数951000，519650，152350，100000，72400，38806；按照布利奥的计算，如同数954198，522520，152350，100000，72398，38585；且由它们的循环时间得出953806，520116，152399，100000，72333，38710。行星的距离，按照开普勒和布利奥，很少相差显著的量，且由循环时间计算的距离落在开普勒和布利奥的相差最大的距离之间。

21 **(10) 环绕地球的力按照离地球的距离的平方的反比减小，这在地球是静止的假设下被证明。**

环绕地球的力也同样地按照离地球的距离的平方的反比减小，我如此推断。

月球离地球的中心的距离，按地球的半直径，根据托勒密，开普勒在他的《天文表》(*Ephemerides*)中，以及布利奥、赫维留[①]和利奇奥里，为 59；根据弗拉姆斯蒂德，为 $59\frac{1}{2}$；根据第谷，为 $56\frac{1}{2}$；根据文德林，为 60；根据哥白尼，为 $60\frac{1}{3}$；根据基歇尔，为 $60\frac{1}{2}$。

但是第谷，以及所有遵循他的折射表的人，使太阳和月球的折射(全然与光的本性不合)超过恒星的折射，在地平线上约为四到五分，由此月球的地平视差增大的分的数目大约相同；这就是，整个视差被增大十二分之一，或者十五分之一。纠正这些误差，月球到地球的中心的距离变成 60 或 61 个地球的半直径，差不多与其他人确定的相符。

让我们设月球到地球中心的平均距离为 60 个地球的半径，它相对于恒星的循环时间为 $27^{d}.7^{h}.43^{m}$，正如天文学家已确定的。
22 则(由第 I 卷命题 IV 系理 6)一个物体在我们的空气中，靠近假定为静止的地球的表面，由向心力运动，向心力比在月球的距离上同样的力与离地球的中心的距离的平方成反比，这就是，如同 3600

① 以他的拉丁名 *Hevelius* 著称。

比 1,物体在 $1^{h}.24^{m}.27^{s}$完成一次运行。

假设地球的半径为 123249600 巴黎呎①,正如由近来法国人的测量所确定的,则同一个物体,它的圆周运动被夺去,在与前面相同的向心力的推动下坠落,在一秒钟的时间,画出 $15\frac{1}{12}$ 巴黎呎。

这是我们从基于第Ⅰ卷命题 XXXVI 的计算推出的,它与我们在地球附近观察到的所有物体的下落相符。因为由摆的实验以及基于此的一项计算,惠更斯已经证明,在靠近地球的表面,物体仅由向心力(无论其本性是什么)的推动下落,在一秒钟的时间,画出 $15\frac{1}{12}$ 巴黎呎。

(11) 依据地球是运动的假设,同样的事情被证明。 23

但是如果假设地球是运动的,则地球和月球一起(由第Ⅰ卷,运动的定律的系理 4 和命题 LVII)围绕它们的重力的公共的中心运行。且月球(由第Ⅰ卷命题 LX)以相同的循环时间 $27^{d}.7^{h}.43^{m}$,以按照距离的平方的反比减小的相同的环绕地球的力,画出一条轨道,它的半直径比前一条轨道的半直径,这就是,比 60 个地球的半直径,如同地球和月球这两者的本体的和比这个和与地球的本体之间的两个比例中项中的第一个②;这就是,如果我们假设月球(因为它的平均的视直径为 $31\frac{1}{2}'$)约为地球的 $\frac{1}{42}$。如同 43 比

---

① 1 巴黎呎=12 巴黎吋=0.325 米。

② 两个比例中项中的第一个:设 $a:x=x:y=y:b$,则 x 是 a 和 b 之间的第一个比例中项,y 是第二个比例中项。

$\sqrt[3]{42\times43^2}$，或者约略如同 128 比 127。且所以这条轨道的半直径，亦即，地球的中心和月球的中心之间的距离，在这种情况下为 $60\frac{1}{2}$ 个地球的半直径，几乎与哥白尼指定的相同，这是第谷的观测无法反证的；力减小的二次比在这一距离上很好地成立。我忽
24 略了由于感觉不到的起源于太阳的作用的某种增加，但是如果那个增加被减去，剩下的真实的距离约为 $60\frac{4}{9}$ 个地球的半径。

（12）力按照离地球或行星的距离的平方的反比减小也从行星的偏心率和拱点的极为缓慢的运动得以证明。

此外，力的减小的这个比由行星的偏心率，以及它们的拱点的极为缓慢的运动而被证实；因为（由第Ⅰ卷命题 XLV 的诸系理）没有其他的比能使环绕太阳的行星在每次运行中一次降低到它们离太阳的最近的距离，而且一次升高到它们离太阳的最远的距离，那些距离的位置保持不动。离开二次比的一个小的偏差会引起在每次运行中拱点运动的不可忽视的运动，而在多次运行中这一运动是巨大的。

但是现在，经过无数次的运行后，这样的运动在环日行星的轨道上几乎没有被察觉。有些天文学家断言没有这样的运动，另一些人认为它不大于后面所指定的原因所引起的，这在当前的问题中是无足轻重的。

我们甚至能忽略月球的拱点的运动，它远大于在环绕太阳的行星中的拱点的运动，在每次运行中等于三度；且从这一运动中能
25 够证明，环绕地球的力按照不小于距离平方的反比减小，但远大于

按照距离的立方的反比减小；因为，如果平方逐渐变为立方，拱点的运动将由此增加以至无穷；所以，通过一个非常小的变动，行星的拱点的运动将超过月球的拱点的运动。月球的拱点的这一缓慢的运动起源于环绕太阳的力的作用，正如我们后面要解释的。但是排除这个原因，月球的拱点或者远地点不动，环绕地球的力在离地球的不同的距离上减小的二次比精确地成立。

(13) 指向各个行星的力的强度，强大的环绕太阳的力。

既然这个比已被建立，我们能相互比较几颗行星的力。

在木星离地球的平均距离上，最外面的卫星离木星中心的最大距角（根据弗拉姆斯蒂德先生的观测）是 $8'.13''$，且所以这颗卫星离木星的中心的距离比木星离太阳的中心的平均距离如同 124 比 52012，比金星离太阳的中心的距离如同 124 比 7234；且它们的 26

循环时间为 $16\frac{3}{4}^{d}$ 和 $224\frac{2}{3}^{d}$；由此（按照第 I 卷命题 IV 系理 2），距离除以时间的平方，我们推出，那颗卫星被推向木星的力比金星被推向太阳的力，如同 442 比 143；如果我们按照距离 124 比 7234 的平方的反比缩小那颗卫星被推动的力，我们将得到在金星离太阳的距离上环绕木星的力比环绕太阳的力，金星由这个力推动，如同 $\frac{13}{100}$ 比 143，或者如同 1∶1100；所以，在相等的距离上，环绕太阳的力比环绕木星的力大 1100 倍。

又由类似的计算，土星的那颗卫星的循环时间为 $15^{d}.22^{h}$，且它的离土星的最大距角，当那颗行星在离开我们的平均的距离上，是 $3'.20''$，由此这颗卫星离土星的中心的距离比金星离太阳的距

27 离，如同 $92\frac{2}{5}$ 比 7234；且由此，环绕太阳的绝对的力比环绕土星的绝对的力大 2360 倍。

(14) 弱的环绕地球的力。

从金星的、木星的和其他行星的日心运动的规则性和地心运动的不规则性(由第 I 卷命题 III 系理 4)，显然环绕地球的力与环绕太阳的力相比，是很弱小的。

利奇奥里和文德林各自试图从由望远镜观察到的月球的弦月确定太阳的视差，并且他们同意那个视差不超过半分。

开普勒，从第谷的和他自己的观测，发现感觉不到火星的视差，甚至在火星冲日时也是如此，可是那个视差比太阳的视差大些。

弗拉姆斯蒂德把测微计用于火星的近地位置，尝试同一视差，但从没有发现它超过 25″；且由此得出太阳的视差至多为 10″。

由此，月球离地球的距离比地球离太阳的距离所具有的比不大于 29 比 10000，比金星离太阳的距离不大于 29 比 7233。

28 从这些距离，以及循环时间，由上面所解释的方法，容易推断出环绕太阳的绝对的力至少比环绕地球的绝对的力大 229400 倍。

即使从利奇奥里和文德林的观察，只有太阳的视差小于半分是无疑问的，但是由此得出环绕太阳的绝对的力超过环绕地球的绝对的力 8500 倍。

(15) 诸行星的视直径。

由类似的计算我碰巧发现了一种相似，它在行星的力和本体之间被观察到;但是,在我解释这一相似之前,必须确定诸行星在它们离地球的平均的距离上的视直径。

弗拉姆斯蒂德先生用测微计测得木星的直径为 40″或 41″,土星的环的直径为 50″,且太阳的直径约为 32′.13″。

但是土星的直径比土星的环的直径,按照惠更斯先生和哈雷
博士,如同 4 比 9;按照加莱,如同 4 比 10;并且按照胡克(用一架 29
60 呎长的望远镜),如同 5 比 12;则由中间的比,5 比 12,木星的本体的直径约为 21″。

(16) 视直径的校正。

由于我们所说的是视在的大小,但是,由于光的不等的折射性,所有的发光点被望远镜扩张,并在物镜的焦点覆盖一个圆形的空间,它的宽度约为物镜的口径的五十分之一。

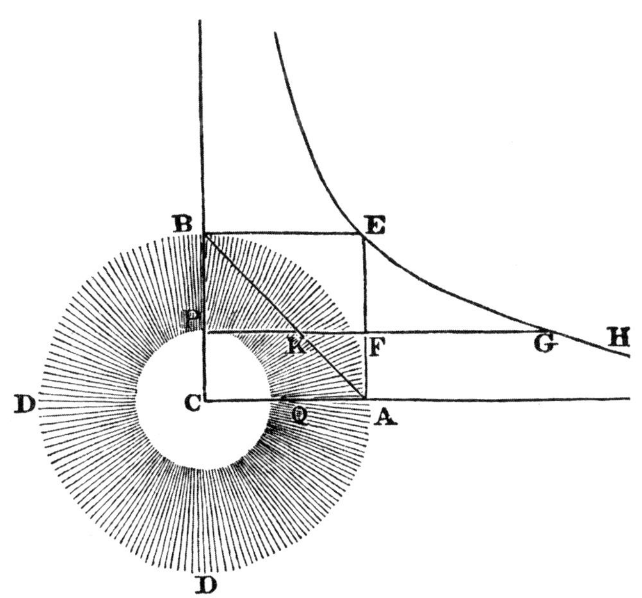

确实，向着那个空间的周界，光如此漫射(diffuse)以致几乎不能看到；向着中间，那里光有较大的强度，且足以被感觉到，它形成一个小而明亮的圆，它的宽度随着发光点的亮度而改变，但一般约为整个宽度的三分之一、四分之一，或者五分之一。

设 ABD 表示所有光的圆；PQ 是较稠密且较清晰的光的较小的圆，C 为两者的中心，较大的圆的半直径 CA，CB 在 C 夹一直角；$ACBE$ 是这些半直径围成的正方形，AB 是这个正方形的对角线；EGH 是以 C 为中心，CA，CB 为渐近线的双曲线；PG 是自直线 BC 上任意一点 P 竖立的垂线，并交双曲线于 G，直线 AB，AE
30 于 K 和 F；则在任意位置 P 的光的密度，按照我的计算，如同直线 FG。所以光的密度在中心为无限，且在靠近周界时非常小。再者，在小圆 PQ 内的所有的光比在它之外的所有的光，如同四边形 $CAKP$ 的面积比三角形 PKB 的面积。而且我们认为小圆 PQ 在光的强度 FG 开始不能被看到的地方终止。

因此，在 191382 呎的距离上，直径 3 呎的一团火，通过一架 3 呎长的望远镜，当它应以 $3'.14''$呈现时，却以 $8''$的宽度呈现给皮卡德先生；所以较亮的恒星通过望远镜呈现的直径有 $5''$或 $6''$，且光线清晰；但以较弱的光，恒星呈现出更大的宽度。因此，类似地，赫维留，通过减小望远镜的口径，削除了朝向边界的光的大部分，使恒星的圆盘的边界更为清晰，尽管如此被减小，恒星还是呈现出 $5''$或 $6''$的直径。但是，惠更斯先生，仅仅通过一些烟使目镜变昏，
31 散射的光被如此有效地消除，使得恒星仅以点呈现，没有丝毫可以觉察得到的宽度。也是这位惠更斯先生，从置于中间用于阻止行星的全部的光的物体的宽度，断定它们的直径大于其他人用测微

计测得的直径；由于散射的光，以前因为行星的较强的光而不能被看到，当行星被遮住时，在各个方向上呈现出更远的扩散。最后，由于这个原因，当行星被投射到太阳的圆盘上时，它看起如此之小，是由于被扩张的光线所减小。因为对于赫维留，加莱和哈雷博士，水星似乎不超过 12″或者 15″；且金星仅以 1′.3″呈现给克拉卜特瑞先生；对于霍罗克斯，金星只有 1′.12″；尽管由赫维留和惠更斯的不利用太阳的圆盘的测量，它应该至少被看到有 1′.24″。在 1684 年，在日食前和日食后的几天，月球的视直径在巴黎天文台被测得为 31′.30″，在它自己的食时似乎不超过 30′或者 30′.05″；
且所以行星的直径在太阳的范围之外时被减小几秒，在太阳的范 32
围之内时被增大几秒。但这项误差似乎小于在测微计测量中通常的误差。于是，从由卫星的食确定的阴影的直径，弗拉姆斯蒂德先生发现，木星的半直径比它的最外面的卫星的最大的距角，如同 1 比 24.903。因为那个距角是 8′.13″，所以木星的直径为 $39\frac{1}{2}''$；再者，舍弃散射的光，用测微计发现的 40″或者 41″的木星的直径应减小为 $39\frac{1}{2}''$；且由类似的校正，土星的 21″的直径被减小为 20″，或者更小的一个值。但是（如果我没有弄错的话），太阳的直径，由于它的更强的光，应被减少得更多一些，并被认为大约是 32′，或者 32′.6″。

(17) 为何一些行星较为致密，另一些行星较不致密，而向着它们的力都与它们的物质的量成比例。

那些[行星的]本体在大小上如此不同，结果如此接近它们的力的一个比例，不是没有某种神秘性。

可能那些遥远的行星，由于对热的缺乏，没有我们的地球上富
33 有的金属物质和重的矿物质；且金星和水星的本体，由于它们更多
地暴露在太阳的炎热之下，被烤得更加厉害，而更为紧密。

因为，根据取火镜的实验，我们得知温度随光的密度而增加，且这个密度按照离太阳的距离的平方的反比增加；由此在水星上太阳的热被证明是在我们的夏季时太阳的热的七倍。但由这种程度的热，我们地球上的水沸腾；使那些重的流体，如水银和硫酸，渐渐地蒸发，正如我用温度计试过的；且所以在水星上没有流体，而只有重的，能承受高热的东西，由这些东西高密度的东西会被形成。

为何不呢？如果上帝把不同的物体安放在离太阳不同的距离上，使得较致密的物体总拥有较近的位置，并且每个物体享有的热度适合于它的状况，而且对它的构造是恰当的。根据这一理由，所有行星的彼此之比如同它们的力得到了最佳的呈现。

而且如果行星的直径被测量得更精确，我会以此为乐。也许可以这样做，如果一盏灯被放在很远的距离上，使它通过一个圆形的孔发光，孔和灯的光如此减小，使得通过望远镜呈现的像恰与行
34 星的一样，且行星的直径能被这相同的度量确定：则孔的直径比它
离望远镜的物镜的距离，如同行星的真实的直径比它离我们的距离。灯光也许可由中间放一块布，或者被烟熏过的玻璃而减小。

(18) 力和被吸引的物体之间的另一种类似在天体中被证明。

与我们描述过的类似性质相近的是被观察到的力和被吸引的

物体之间的另一种类似。因为在行星上的向心力按照距离的平方
的反比减小，而且循环时间按照距离的二分之三次比增大，显然，
向心力的作用，且所以循环时间，对离太阳等距的相等的诸行星是
相等的；且对离太阳距离相等的不相等的诸行星，向心力的整个作
用如同行星的本体；因为，如果那些作用不与被移动的本体成比
例，它们不能在相等的时间同等地把这些本体从它们的轨道的切
线上拉回：如果不是环绕太阳的力按照木星和它的卫星的重量的
比同等地作用在它们每一个之上，木星的诸卫星的运动就不会如
此规则。且土星相对于它的诸卫星，以及我们的地球相对于月球， 35
同样的事情成立，正如第Ⅰ卷命题 LXV 系理 2 和 3 所显示的。所
以在相等的距离上，向心力按照诸行星的本体或者在本体中的物
质的量，相等地作用于它们；再由相同的理由，在构成行星的大小
相同的所有小部分(particle)①上的作用是相同的，因为如果在某
种小部分上的作用按照它们的物质的量比在其他小部分上的作用
大，在整个行星上的作用也会较大或者较小，不是按照物质的量之
比，而是按照那种物质在这一颗行星出现得较丰富而在另一颗行
星中出现得较贫乏而定。

(19) 它也在地球上的物体中被发现。

在地球上找到的种类很不相同的一些物体中，我极细心地检验这种类似。

① 粒子现在为专用名词，小部分作为一小块面积时没有厚度。因此这个词不译成粒子、微粒等。

36 如果环绕地球的力的作用与被移动的物体成比例，则它（由运动的第二定律）在相等的时间以相同的速度移动它们，并且使所有下落的物体在相等的时间下落相等的空间，且使所有被等长的线悬挂的物体，在相等的时间振动。如果力的作用较大，时间会较短；如果力的作用较小，时间会较长。

但是人们久已观察到，（容许由于空气的较小的阻力所造成的偏差）在相等的时间所有物体下落通过相等的空间；且借助于摆，能以高的精确度观测时间的量。

我试过金、银、铅、玻璃、沙、食盐、木头、水和小麦。我得到两只相等的木头盒子。我在一只盒子中填入木头，且在另一只盒子的振动的中心，悬挂一块等重量（尽我所能）的金。两只盒子，由11 呎长的相等的线悬挂，制成一对在重量和形状完全相等，以及相等地承受空气的阻力的单摆，且两架摆并排放置，我观测到它们一起向前和向后以相等的振动荡了很久。且所以（由第 II 卷命题
37 XXIV 系理 1 和 6）在金中的物质的量比木头中的物质的量如同引起运动的力在全部金上的作用比引起运动的力在全部木头上的作用；这就是，如同金的重量比木头的重量。

且由这些实验，对相同重量的物体，人们能发现小于整个物质的千分之一的差异。

（20）这些类似的一致性。

因为向心力在被吸引的物体上的作用，在相等的距离上与在那些物体中的物质的量成比例，理性要求它也应该与在吸引物体中的物质的量成比例。

因为所有的作用是相互的，且（由运动的第三定律）使得物体相互靠近，所以必定在两个物体上是相同的。事实上，我们可以认为其中一个物体是吸引物体，另一个物体是被吸引物体；但这种区分是数学上的甚于是自然上的。真实地属于每个物体的吸引朝向另一个物体，且所以两者所属的是同一种类。

（21）它们的重合。

且因此吸引力在吸引物体和被吸引物体两者之中被发现。太阳吸引木星和其他行星，木星吸引它的卫星；而且，由相同的理由， 38
木星的卫星相互作用，也作用于木星，所有的行星彼此相互作用。

尽管两颗行星的相互作用能被区分并被认为是两项，由它们一颗吸引另一颗；然而，由于这些作用存在于两者之间，它们不是在两者之间造成两种而是一种效果。两个物体可能由于位于两者之间的一根绳子的收缩而一个被拖向另一个。作用有双重的原因，即是，两个物体的排列（disposition），以及到目前被认为是作用于两个物体上的一种双重作用；但由于处于两个物体之间，它是一种并且是单一的一种作用；不是太阳由一种作用吸引木星，木星由另一种作用吸引太阳，而是太阳和木星由一种作用相互努力靠近对方。由太阳吸引木星的作用，木星和太阳努力靠得更近，（由运动的第三定律）由这一作用木星吸引太阳，同样把木星和太阳努力靠得更近。但是太阳既不是由一种双重的作用向着木星被吸引，也不是木星由一种双重的作用向着太阳被吸引，而是一种单一 39
的位于两者之间的作用，由这种作用，太阳和木星靠得更近。

于是铁牵引磁石，正如磁石牵引铁；因为在磁石附近的铁牵引别的铁,但是磁石和铁之间的作用是单一的,并且被哲学家认为是单一的。事实上,铁对磁石的作用是磁石本身和铁之间的作用,由这种作用两者努力靠得更近,正如它明显地表现出来的;因为如果你移去磁石,铁的所有的力几乎消失。

在这种意义上我们设想一种单一的作用施加于两颗行星之间,它来自两者的协同的性质,且这种作用对两者保持相同的关系;如果它与在一颗行星中的物质的量成比例,它也与在另一颗行星中的物质的量成比例。

(22) 来自于相对来说非常小的物体的这种力是感觉不到的。

根据这一哲学,所有的物体相互吸引也许会遭到反对,因为它与在地球上的物体的实验证据相反;我如此回答原因是
40 不能依赖地球上的物体的实验,因为靠近同质球的表面的吸引(由第 I 卷命题 LXXII)如同它们的直径。因此直径为一呎的一个球,它与地球有相同的性质,吸引一个靠近它的表面的小物体,如果小物体放在地球的表面附近,它比地球的吸引力小 20000000

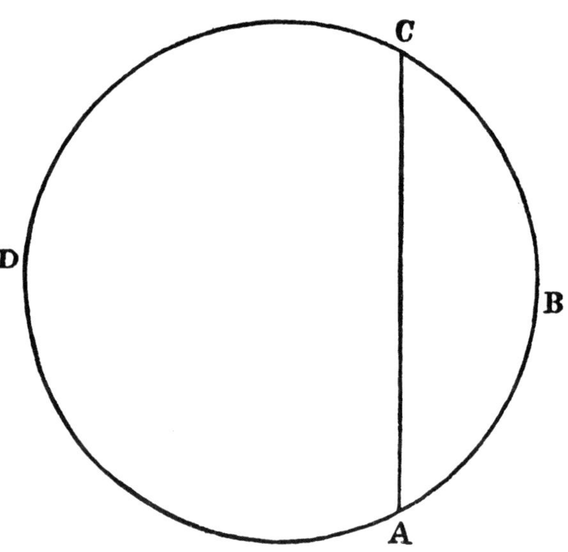

倍；但是如此小的力不能产生可以感觉到的效应。如果两个这样的球相距仅四分之一吋，甚至在没有阻力的空间中，它们也不会在短于一个月的时间内由它们相互的吸引靠在一起；更小的球以一个比更慢地靠在一起，即按照它们的直径之比。不但如此，而且整座山也不足以产生任何可以感觉到的效应。一座三哩高、六哩宽的半球形的山，由它的吸引，不会把摆拉离垂直线二分；仅在行星的大的本体上这些力才能被感觉到，除非我们以如下的方式推论较小的物体。

(23) 指向地球上所有物体的力与它们的物质的量成 41
比例。

设 $ABCD$ 表示被任意平面 AC 切成两部分 ACB 和 ACD 的地球，靠在部分 ACD 上的 ACB 以它的全部重量压迫 ACD；如果它不被一个相等且相反的压迫抵住，部分 ACD 不能承受这一压迫并继续保持不动。且所以两部分以它们的重量相等地互相压迫，这就是，按照运动的第三定律，相等地相互吸引；如果它们被分开并放开，它们以与它们的本体成反比的速度落向对方。所有这
些我们可用磁石尝试和理解，它的被吸引的部分不推动吸引的部 42
分，而只是在附近被停止和抵住。

现在假设 ACB 代表在地球的表面上的某个小物体；则由于它的小部分的吸引和地球的余下的部分 ACD 的朝向对方的吸引是相等的，但小部分的朝向地球的吸引（或者它的重量）如同小部分的物质（正如我们用摆的实验所证明的），地球向着小部分的吸引力同样地如同小部分的物质；且所以，地球上的所有物体的吸引

力如同它们每个的物质的量。

(24) 相同的力指向天上的物体的证明。

所以，与地球上各种形态的物体中的物质成比例的力，不随着形态的变化而变化，必在任何物体的所有种类中被发现，无论天上的或是地球上的，都与它们的物质的量成比例，因为在它们之中没有实质的，而只有样式和形态的不同。但对天上的物体，同样的事
43 情这样被证明；我们已证明环绕太阳的力在所有行星上的作用（约化到相等的距离）如同行星的物质，环绕木星的力在木星的卫星上的作用服从相同的定律；对所有的行星，向着每一颗行星的吸引力同样的事情成立；由此得出（由第Ⅰ卷命题 LXIX）它们的吸引力如同它们每个的物质的量。

(25) 从行星的表面向外，吸引力按照离行星的中心的距离的平方的反比减小；且从行星的表面向内，吸引力按照离行星的中心的距离的正比减小。

由于地球的部分相互吸引，所有行星的那些部分也如此。如果木星和它的卫星被集合在一起并形成一个球，无疑它们将继续相互吸引如同以前。另一方面，如果木星的本体被分裂成更多的球，这些球相互的吸引力肯定不弱于它们现在对卫星的吸引力。从这些吸引，地球和诸行星的本体呈球形，它们的部分凝聚在一起，且穿过以太时不被分散。但是我们在前面已经证明，这些力起源于物质的普遍的本性，所以，任何一个完整的球体的力由它的所
44 有部分的力组成，由此（由第Ⅰ卷命题 LXXIV 系理 3）得出每个小

部分的力与离那个小部分的距离的平方成反比；又(由第I卷命题LXXIII和LXXV)整个一个球的力，如果球的物质是均匀的，从球的表面向外算起，按照离球的中心的距离的平方的反比减小；但从球的表面向内算起，简单地按照离球的中心的距离的一次方之比减小。但是，当球的物质，自球的中心向着表面算起，不是均匀的，然而(由第I卷命题LXXVI)整个球的力自球面向外的减小按照离球的中心的距离的平方的反比，只要不一致性在围绕离球的中心等距的地方是相同的。且两个这样的球(由同一条命题)以按照它们的中心之间距离的平方的反比减小的力相互吸引。

(26) 这种力的强度以及在各种情形下引起的运动。

所以，每个球的绝对的力如同这个球中所含的物质的量；但引起运动的力，由这项力每一个球被向着另一个球吸引，(由第I卷命题LXXVI系理4)如同两个球的物质的量之下的容量[①]除以它们的中心之间的距离的平方。在地球上，我们通常称这种力为它们的重 45
量。运动的量，由它每个球在给定的时间被移向另一个球，与这个力成比例。而且加速的力，由它每个球按照它的物质的量被向着另一个球吸引，(由第I卷命题LXXVI系理2)如同在另一个球中的物质的量除以两个球的中心之间的距离的平方；在给定的时间由这个力被吸引的球被移向另一个球的速度，与这个力成比例。很好地理解了这些原理之后，现在易于确定天上的物体之间的运动。

① 即两个球的质量之积。

(27) 所有的行星都围绕太阳运行。

通过比较行星相互之间的力，在上面我们已经看到环绕太阳
的力超过环绕其余所有行星的力一千倍；但是由如此大的一个力
的作用，不但行星的系统范围内的，而且远在这个范围之外所有物
体，必须向着太阳降落，除非由其他的运动，它们被推向其他的部
46 分；我们的地球也不被排除在这些物体之列；无疑月球是与行星有
相同本性的一个物体，且与其他行星受到同样的吸引，由环绕地球
的力就是它被保持在它的轨道上的力就会明白。但我们在上面已
经证明，地球和月球被同等地向着太阳吸引；我们在前面同样地证
明所有物体受到所说的吸引的共同的定律支配。而且，假设这些
物体中的任何一个，其环绕太阳的圆周运动被夺去，由物体离太阳
的距离，我们能（由第 I 卷命题 XXXVI）发现在多长的一段时间，
它会在降落中到达太阳；即是那个物体在它的原来的距离的一半
上运行的循环时间的一半；或者在一段时间，它比行星的循环时
间，如同 1 比 $4\sqrt{2}$。于是金星在它的降落中将在 40 天的时间到达
太阳，木星在二年零一个月的时间，且地球和月球一起在 66 天又
19 小时的时间到达太阳。但是，因为没有这样的事情发生，那些
物体向着其他方向的运动是必需的，但并不是每一项运动都能胜
任这一目的。为了阻止这一降落，速度的一个适当的比是需要的。
且因此依赖从迟滞行星的运动的证据引出的力（the force of the
47 argument）。除非环绕太阳的力按照它们的正在增加的缓慢程度
的平方减小，对此的超出会迫使那些物体向太阳下落；例如，如果
行星的运动（其他情况相同）被迟滞了一半，行星由以前环绕太阳

的力的四分之一被保持在它的轨道上，由另外四分之三的超出它向太阳下落。所以，诸行星（土星、木星、火星、金星和水星）在它们的近地点并没有真正地被迟滞，也不成为真正的停止，或者以缓慢的运动退行，所有这些都是视在的。但是绝对的运动，行星由绝对的运动继续在它们的轨道上运行，总是顺向的，而且差不多是均匀的。我们已经证明，这样的运动是围绕太阳进行的，因而太阳作为绝对运动的中心是静止的。因为我们绝不能把静止给予地球，以免行星在近地点真的被迟滞，并且真的发生静止和倒退，且因此对运动的需求应转到太阳上。除此之外，因为行星（金星、火星、木星，以及其他行星）由向太阳所引的半径画出规则的轨道，且面积（正如我们已证明的）差不多与时间成比例，因此（由第 I 卷命题 48
III 和命题 LXV 系理 3）太阳不以显著的力而被移动，也许按照每个行星的物质的量，沿着平行线，使每个行星被同等地移动的力除外。在这种情况下，整个行星系统沿直线平移。除去整个行星系统的平移，太阳在这个系统的中心是静止的。如果太阳围绕地球运行，并且携带着其他的行星围绕自身，地球应以大的一个力吸引太阳，但环日行星没有产生任何显著效应的力，这与第 I 卷命题 LXV 系理 3 矛盾。再者，到目前为止，大多数作者由于地球的各部分的重力，把它放在宇宙中的最低的位置。现在，由于更好的理由，太阳的向心力超过我们的地球的重力一千多倍，太阳应被下放到最低的位置，并适于作为系统的中心，因此人们会更完全而且更准确地理解整个系统的真正布局。

49 **(28) 太阳和所有行星的重力的公共的中心是静止的，太阳非常缓慢地运动。解释太阳的运动。**

由于恒星彼此之间是静止的，我们可以把太阳、地球以及行星作为一个物体的系统来考虑，这个系统包含它们之间向着各个方向的不同的运动；则所有[成员]的重力的公共的中心(由运动的诸定律的系理IV)或者静止，或者在一条直线上均匀地向前运动。在后一种情形，整个系统相似地在一条直线上均匀地向前运动，但这是一个难于被承认的假设。所以，撇开这个假设，那个公共的中心是静止的，太阳从不离它太远。太阳和木星的重力的公共的中心落在太阳的表面上，并且即使所有行星和木星一起被放在太阳的同一侧，太阳和所有行星的公共的中心也几乎不退离太阳的中心两倍远；所以，尽管太阳由于行星的不同的位置而受到不同的推动，并且以缓慢的天平动(motion of libration)来回漫游，但从不
50 退离整个系统的静止的中心一个太阳的直径那么远。而且从以上确定的太阳和行星的重量，以及它们之间的相互位置，能发现它们的重力的公共的中心；这个位置一旦被以给定，就能在任意假定的时间得到太阳的位置。

(29) 然而，行星在椭圆上运行，椭圆的焦点在太阳的中心；且行星向太阳所引的半径画出的面积与时间成比例。

其他的行星围绕如此平动的太阳在椭圆轨道上运行，且由向太阳引的半径画出差不多与时间成比例的面积，正如在第I卷命题LXV中所解释的。如果太阳是静止的，而且其他的行星不相

互作用,(由第Ⅰ卷命题XI和命题LXVIII的系理)则它们的轨道是椭圆,且面积恰与时间成比例。但是行星之间的相互作用与太阳对行星的作用相比,是无足轻重的,它们产生感觉不到的误差,并且行星围绕被推动的太阳运行,按刚才所描述的方式产生的误差,(由第Ⅰ卷命题LXVI和第Ⅰ卷命题LXVIII的系理)比如果那些行星围绕静止的太阳进行时要小,尤其是如果每个行星的轨道的焦点安放在较低的行星的重力的公共的中心上,即水星的轨道的焦点安放在太阳的中心上;金星的轨道的焦点安放在水星和太 51
阳的重力公共的中心上;地球的轨道的焦点安放在金星,水星和太阳的重力的公共的中心上;对其余的行星亦是如此。由这种方式,所有行星的轨道的焦点不显著地离开太阳的中心,但土星除外。土星的轨道的焦点不显著地退离木星和太阳的重力的公共的中心。所以,当天文学家们把太阳的中心算作所有行星的轨道的公共的焦点,他们并未远离真理。对土星自身,由此引起的误差不超过1′.45″。而且如果土星的轨道的焦点安放在木星和太阳的重力的公共的中心上,会与天象符合得更好。我们所说的一切将在此后得到进一步的证实。

(30)[行星的]轨道的尺寸和它们的远日点以及交点的运动。

如果太阳是静止的,而且行星不相互作用,则(由第Ⅰ卷命题Ⅰ,XI以及命题XIII的系理)行星的轨道的远日点和交点是静止的,它们的椭圆轨道的轴(由命题XV)如同它们的循环时间的平方的立方根,所以由给定的循环时间而被给定。但那些时间不是 52

自二分点起测量的，因为它们是运动的，而是从白羊宫的第一颗星起测量的。设地球的轨道的半轴为100000，则从它们的循环时间得出土星、木星、火星、金星和水星的轨道的半轴分别为953806，520116，152399，72333，38710。但由于太阳的运动，每条半轴（由第Ⅰ卷命题LX）增加太阳的中心离太阳和该行星的重力的公共的中心的距离的三分之一。又由于靠外的行星对靠内的行星的作用，靠内的行星的循环时间有些延长，尽管几乎不是一个显著的量；（由第Ⅰ卷命题LXVI系理6和7）它们的远日点被非常缓慢的向前运动所移动。由同样的理由，所有行星的循环时间，特别是靠外的行星的循环时间会被彗星的作用延长，如果有这样的彗星在土星的轨道之外，则所有行星的远日点被携带着前行。但由于远
53 日点的前行，（由第Ⅰ卷命题LXVI系理11，13）交点退行。且如果黄道的平面是静止的，（由第Ⅰ卷命题LXVI系理16）在每条轨道上，交点的退行比远日点的前行差不多如同月球轨道的交点的退行比它的远地点的前行，这就是，大约如同10比21。但天文观测似乎证实，相对于恒星，远日点的前行和交点的退行非常缓慢。因此，可能存在着位于行星区域之外的彗星，它们在很偏心的轨道上运行，快速飞过轨道的近日点部分，在它们的远日点的运动极为缓慢，且在行星之外的区域度过它们的几乎整个[运行]时间；正如后面更详细地解释的。

（31）由前面的原理导出迄今为天文学家所注意到的月球的所有运动。

这样，围绕太阳运行的行星同时可携带围绕它们自身运行的

卫星或月球，正如在第Ⅰ卷命题 LXVI 中所说的。但由于太阳的
作用，我们的月球必须以更大的速度运动，且由向地球引的半径，
画出相对于时间更大的一个面积；这必使它的轨道的弯曲较小，且
由此它在朔望①较在方照②更靠近地球，但不计偏心的运动对这些 54
效应的阻碍。因为当月球的远地点在朔望时偏心率最大，且当远
地点在方照时偏心率最小；因此，近地点的月球在朔望比在方照运
动得更迅速且离我们更近，而远地点的月球在朔望比在方照运动
得更缓慢且离我们更远。此外，远地点有一个前行的运动且交点
有一个退行的运动，两者都是不均匀的。因为远地点在其朔望更
迅速地前行，在其方照更缓慢地退行，则它由其前行对后退的超出
而每年向前移动；但交点在它们的朔望静止，且在它们的方照最迅
速地退行。而且，月球在其方照的最大的纬度大于它在其朔望
的最大的纬度，[月球的]平均运动在地球的远日点比在它的近
日点快。还有其他迄今未被天文学家注意到的月球的不等性；
但所有这些都遵从第Ⅰ卷命题 LXVI 系理 2—13 的原理，并且已
知它们确实在天空中存在。如果我没有弄错的话，从霍罗克斯 55
先生的那个最奇妙的假说里看得出来，弗拉姆斯蒂德先生使它
与天体的运动精确相符；但这一天文学假设对交点的运动应加
以修正；因为交点在它们的八分点③容许最大的差(equation)或者

① 月球和太阳(或者其他两个天体)相对于地球位于一条直线。

② 月球和太阳(或者其他两个天体)相对于地球成九十度角。

③ 月球和太阳(或者其他两个天体)相对于地球成四十五度角。

prosthaphaeresis[①]，且这一不等当月球在交点时最为显著，且因此在八分点时也很显著；由是第谷，以及后来的人把这一不等性归之于月球的八分点，且使它是每月的；但是，由我们导出的理由证明它应归之于交点的八分点，且是每年的。

(32) 导出迄今为止未被观察到的[月球]运动的几种不等性。

除了那些被天文学家注意到的不等性，尚有一些其他的不等性，由这些不等性月球的运动被如此扰动，使得到目前为止它们不能由任何定律约化为任何确定的规则。由于月球的远地点和交点的速度或小时运动，它们的差(equation)以及在朔望的最大的偏心率和在方照的最小的偏心率之间的差，还有我们称为变差的不等性，在一年的运行(progress)中(由第Ⅰ卷命题 LXVI 系理 14)
56 按照太阳的视直径的立方增大或者减小。此外，那个变差(由第Ⅰ卷引理Ⅹ系理 1 和 2 以及命题 LXVI 系理 16)差不多如同它在方照之间的时间的平方；所有这些不等性在轨道面向太阳的部分比在背对太阳的部分大一些，但差别很难或者全然感觉不到。

(33) 在一个给定的时刻月球离地球的距离。

由一项计算，为了简明起见我没有描述它，我也发现在时间的

---

① prosthaphaeresis 是 17 世纪的一个天文学名词，指从地球上看，月球位置在黄道面上的投影的位置与虚拟的月球相对于地球以均匀的角速度在那个平面上运动时的位置之间的角。在牛顿的拉丁文手稿中这个词被拼写为 prostaphaeresis。

各个相等的瞬(moment),由月球向地球引的半径画出的面积,差不多如同数 $237\frac{3}{10}$ 与在半径为单位的圆上月球离开最近的方照的距离的二倍的正矢[①]的和;且所以月球离地球的距离的平方如同那个和除以月球的小时运动。如果变差在八分点时等于其平均的量,事情就是如此;但是如果变差较大或者较小,那个正矢需按相同的比增大或减小。让天文学家尝试这样求得的距离与月球的视直径是何等精确地相符。

(34) 从我们的月球的运动导出木星的和土星的卫星的运动。 57

从我们的月球的运动我们能导出木星的和土星的月球或者卫星的运动;因为由第I卷命题LXVI系理16,木星的最外边一颗卫星的交点的平均运动比我们的月球的交点的平均运动按照地球围绕太阳的循环时间比木星围绕太阳的循环时间的二次比,与那颗卫星围绕木星的运行时间比我们的月球围绕地球的循环时间的简单比的复合比;且所以那些交点,在一百年的时间,被携带退行或者前行 8°.24′。由同一系理,里边的卫星的交点的平均运动比最外边的那颗卫星的[交点]的[平均]运动,如同它们的循环时间比最外边的那颗卫星的循环时间,由此被给定。由同一系理,每颗卫星的轨道的拱点的前行运动比其交点的后退运动,如同我们的月球的远地点的运动比它的交点的运动,由此被给定。每颗卫星的

① 在牛顿的时代,三角函数是对弧定义的且定义的是长度。设以 S 为中心的圆的半径为 R,弧 BC 的圆心角为 α,则弧 BC 的正矢为:versed sineα=R—R$\cos\alpha$。

58 轨道的交点的和拱点线的最大的差分别比月球的交点的和拱点线的最大的差，如同在前一差(the first equations)的一次循环时间中卫星的轨道的交点的和拱点线的运动比后一差(the last equations)的一次循环时间中月球的交点的和远地点的运动。由同一系理，从木星上看到的[它的]卫星的变差比我们的月球的变差分别按照它们的交点的整个运动的比，在此期间木星的卫星和我们的月球(在离开之后)在运行中(又)转回到太阳；且所以[木星的]最外面的卫星的变差不超过 5″.12‴。从这些不等性的如此之小的量，以及[交点和拱点线]运动的缓慢，使得[木星的]卫星的运动如此规则，以致近世的天文学家或者否认交点的任何运动，或者证实它们非常缓慢地退行。

(35) 行星相对于恒星围绕它们自己的轴均匀地转动，这些运动适于用作时间的测量。

当行星围绕遥远的中心如此在轨道上运行的同时，它们围绕适当的轴做各自的旋转：太阳在 26 天，木星在 $9^{h}.56^{m}$，火星在 $24\frac{2}{3}^{h}$，金星在 23^{h}。行星所在的平面稍微向黄道的平面倾斜，且
59 按照黄道十二宫[①]的顺序，正如天文学家通过在它们的本体上的斑点轮流被我们看到而确定的。而且我们的地球也有在 24^{h}完成的类似的旋转。那些运动既不被向心力加速也不被它迟滞，由第

① 太阳的视年路径附近的十二个星群，其名称和符号分别为白羊宫♈，金牛宫♉，双子宫♊，巨蟹宫♋，狮子宫♌，室女宫♍，天平宫♎，天蝎宫♏，人马宫♐，摩羯宫♑，宝瓶宫♒，双鱼宫♓。

I 卷命题 LXVI 系理 22,这是显然的。且所以在所有的运动之中它们是最均匀的且最适于测量时间。但那些被认作均匀的旋转在返回上不是相对于太阳,而是相对于某颗恒星:因为行星的位置相对于太阳不是均匀地变化的,致使那些行星以太阳为参照的旋转不是均匀的。

(36) 月球以相同的方式由周日运动围绕它的轴旋转,因此产生它的天平动。

月球以类似的方式相对于恒星由极为均匀的运动围绕它的轴
旋转,即在 $27^{d}.7^{h}.43^{m}$,这就是,在一个恒星月的时间旋转一周;
因此这一周日运动等于月球在它的轨道上的平均运动;由于这个
理由,月球的同一个面总转向它的平均运动绕行的中心,亦即,靠
近月球的轨道的外焦点(exterior focus);且因此按照月球转向的 60
焦点的位置产生月球的面有时向东,有时向西偏离地球;这一偏离
等于月球的轨道的差,或者等于月球的平均运动和真实运动之间
的差,这是月球在经度上的平动;但月球类似地受起源于月球的轴
对月球环绕地球运动的轨道平面倾斜的影响;因为那条轴几乎对
恒星保持相同的位置,且因此月球的两极轮流呈现给我们。由我
们的地球运动的例子可以理解,因为地球的轴对黄道的平面倾斜,
它的两极轮流被太阳照亮。精确地确定月球的轴对于恒星的位
置,以及这一位置的变化,对天文学家是一个有价值的问题。

(37) 地球和诸行星的二分点的进动以及其轴的平动。

由于行星的周日旋转,在它们之中的物质努力自这一运动的

61 轴退离，且因此流体的部分向着赤道比在两极上升得更高，如果那些部分没有如此升高，靠近赤道的固体的部分将会位于水下，由于这个原因行星在赤道附近比在两极更厚；在每一次运行中，它们的二分点因此退行；且它们的轴在每次运行中由两次章动（motion of nutaion）向它们的黄道摆动，且两次又返回到它们原来的交角（inclination），正如在第 I 卷命题 LXVI 系理 18 中所解释的。因此通过很长的望远镜看木星，它不完全是圆形的，而是平行于黄道的直径比从北到南画出的直径略长。

(38) 海洋每天必定既涨潮两次又落潮两次，且最高的水位发生在发光体[①]靠近一个位置的子午线后的第三小时。

由于［地球的］周日运动以及太阳和月球的吸引，（由第 I 卷命题 LXVI 系理 19、20）我们的海洋每天应两次涨潮并两次落潮，既有月球潮汐，又有太阳潮汐，且最高的水位发生在每天的第六小时之前以及前一天的第十二小时之后，涨潮由于缓慢的地球的周日
62 运动而被缩短到第十二小时；又由于往复运动的力它被延长且拖延至靠近第六小时的某一时刻。在时间能由现象更精确地确定之前，为何我们不选择两个极端的中间，并猜测最高的水位发生在第三小时呢？按这种方式，海水在发光体举起它的力较大时一直涨潮，且在发光体的力较小时一直落潮；亦即，在那个力较大时的第九小时到第三小时，以及在那个力较小时的第三小时到第九小时。

① 指太阳和月球。

我从每个发光体靠近一个地方的子午线起开始计算小时，无论发光体在地平线之下或者之上。一个太阴小时，我指月球由它的视周日运动，又返回到前一天它离开的位置的子午线时所用的时间的二十四分之一。

(39) 潮汐在两个发光体的朔望最大，在它们的方照最小，且在月球到达子午线后的第三小时发生；在朔望和方照之外，潮汐从那第三小时向太阳到达中天后的第三小时有些偏离。

但是两个发光体引起的运动不是分别出现的，而是造成一种混合的运动。在两个发光体的朔或者望，它们的力被联合，并导致最大的涨潮和落潮。在方照，太阳举起海水时月球下压海水，太阳下压海水时月球举起海水；且所有潮汐中的最小者是它们的力的差的结果。又因为（正如经验告诉我们的）月球的力大于太阳的力，最高的水位约发生在第三太阴小时。在朔望和方照之外，最大的潮汐，单由月球的力应发生在第三太阴小时，且单由太阳的力应发生在第三太阳小时，由两者合成的力必定发生在中间的某一时刻，它靠近月球的第三小时甚于靠近太阳的第三小时；当月球在从朔望到方照的路径中，在此期间第三太阳小时早于第三太阴小时，最大的潮汐以略后于月球的八分点的最大的间隔早于第三太阴小时；且由类似的间隔，当月球在从方照到朔望的路径中，最大的潮汐发生在第三太阴小时之后。

41

64 **(40) 当两个发光体离地球最近时潮汐最大。**

由于两个发光体的作用依赖它们离地球的距离，因为当它们离地球较近时它们的作用较大，当它们离地球较远时它们的作用较小，且[作用]如同它们的视直径的立方。所以，太阳在冬季时，那时它在其近地点，有较大的作用，在其他情况相同时，比在夏季时使在朔望时的潮汐稍大，且在方照时的潮汐稍小。在每个月，当月球在它的近地点时，引起比在十五天之前或之后更大的潮，那时它在它的远地点。因此，两次最大的潮汐彼此不紧随在两个相继的朔望之后发生。

(41) 二分点前后的潮汐最大。

每个发光体的作用类似地依赖其赤纬或离赤道的距离；因为，如果发光体被放在一极，它不断地吸引海水的所有部分，它的作用没有任何增加或减退，并不引起运动的往复；所以，当发光体自赤
65 道向两极之一倾斜，它们逐渐失去它们的力，且因此在二至的朔望引起的潮汐小于在二分的朔望引起的潮汐。但在二至的方照它们产生的潮汐大于在二分的方照产生的潮汐；因为月球的作用，当时它位于赤道，超出太阳的作用最多；所以，最大的潮汐发生在那些朔望，且最小的发生在那些方照，它们碰巧在春分和秋分前后；且在朔望时最大的潮总跟随着在方照时最小的潮，正如我们由经验所发现的。但由于太阳离地球在冬天比在夏天时近，在春分之前最大和最小的潮汐出现得比春分之后更频繁，且在秋分之后较秋分之前更频繁。

(42) 在赤道之外较大和较小的潮水相交替。

此外，发光体的作用依赖地方的纬度，设 $ApEP$ 表示四面八方被深水覆盖着的地球；C 为它的中心；Pp 为它的极；AE 为赤道；F 是赤道之外的任意一个地方，Ff 为这个地方的纬线；Dd 是赤道另一侧对应的纬线；L 是月球在三小时前拥有的位置，H 是 L 66
正下方地球上的位置，h 是 H 在地球另一侧相对的位置；K，k 是相距 90 度的地方；CH，Ch 是海洋离地球的中心的最大的高度，且 CK，Ck 是最小的高度。且如果以轴 Hh，Kk 画一椭圆，通过围绕其长轴 Hh 旋转构成一扁球 $HPKhpk$，则这个扁球很接近地表示了海洋的形状，且 CF，Cf，CD，Cd 表示在位置 F，f，D，d 的海洋。再者，如果在所说的椭圆的旋转中，任意点 N 画出圆 NM，截纬线 Ff，Dd 于任意的位置 R，T，且截赤道 AE 于 S，则 CN 表示海洋在所有那些位于这个圆上的位置 R，S，T 的高度。所以，在任意位置 F 的周日运动中最大的涨潮将出现在 F，当月球在地平 67
线上方靠近那条纬线后的第三小时；此后最大的落潮出现在 Q，当月球落下后的第三小时；然后最大的涨潮出现在 f，当月球在地平线下方靠近那条纬线后的第三小时；最后，最大落潮出现在 Q，当月球升起后的第三小时；且在 f 的后一次涨潮小于在 F 的前一次涨潮。因为整个海洋被分为两个巨大的半球潮流，其一在北边的半球 $KHkC$，另一在相对的半球 $KHkC$，我们可称它们为北流和

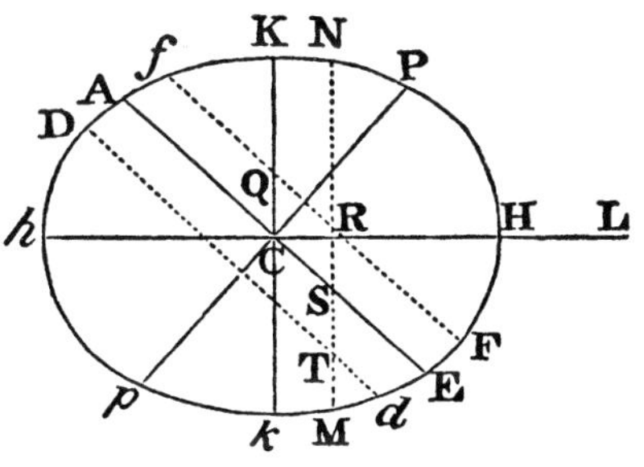

南流。这些潮流，彼此总是反向的(opposite)，在十二个太阴小时的间隔轮流到所有地方的纬线；领悟了北方地区占有更多的北流，且南方地区占有更多的南流，因此在赤道之外的所有地方，发光体在那里升起和落下，引起较大和较小的潮汐相交替。但较大的潮汐，当月球趋向一个位置的天顶点时，在它从地平线之上经过那个
68 位置的子午线之后大约第三小时发生；当月球改变它的赤纬，较大的潮汐转变为较小的潮汐；且这些潮汐之间最大的差发生在二至前后，特别地，如果月球的升交点邻近白羊宫的开端。于是，在冬季，早晨的潮汐超过傍晚的潮汐；且在夏季，傍晚的潮汐超过早晨的潮汐。根据科尔普雷斯和斯图米的观察，在朴利茅斯，超出的高度为一呎，但在布里斯托尔超出的高度为十五吋。

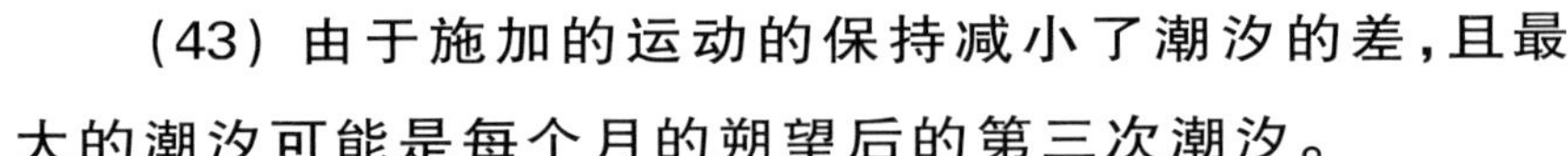

(43) 由于施加的运动的保持减小了潮汐的差，且最大的潮汐可能是每个月的朔望后的第三次潮汐。

但是至此所描述的运动由于水的交互作用的力而有些改变，海水由于它们的惰性把那个力保持一会；因此，即使发光体的作用停止了，潮汐也能持续一段时间。施加的运动的这种保持能力减小了交替的潮汐的差，且使紧随在朔望之后的潮汐较大，并使紧跟
69 在方照之后的潮汐较小。因此在朴利茅斯和布里斯托尔交替的海潮除了高度的差为一呎，或者十五吋之外，并无差别。且在那些港口，最大的潮汐不是朔望后的第一次，而是第三次潮汐。

此外，所有的海洋运动在通过浅滩时被迟滞，因此使得所有潮汐中的最大者，在一些海峡和河流的入海口中，是朔望之后的第四次，甚至是第五次潮汐。

(44) 海洋的运动会由于水底的障碍而被迟滞。

会发生最大的潮汐是朔望之后的第四次或第五次潮汐，或者
发生得更晚，因为海洋的运动在通过向着海岸的浅的地方时被迟
滞；于是在爱尔兰的西海岸的潮汐，在第三太阴小时到达，比在同
一岛上南海岸的港口晚到一个或两个小时；在卡西特里德斯[①]群
岛，通常叫做索灵，也是如此；然后潮汐相继到达法尔茅斯、普利茅
斯、波特兰、怀特岛、温切斯特、多佛、泰晤士河的河口，和伦敦桥，
在这一行程中用时十二小时；当海洋不是足够深时，潮汐的传播甚
至可能被海洋自身的沟壑所阻碍，因为在加那利群岛的涨潮发生
在第三太阴小时；且在向着大西洋的所有那些西海岸，如爱尔兰 70
的、法兰西的、西班牙的，以及整个非洲的西海岸，直到好望角，除
了一些浅的地方，在那些海水受阻，且涨潮发生得较晚外，在第三
太阴小时涨潮；但在直布罗陀海峡，在那里由于运动自地中海的传
播，涨潮较早。潮流经过这些遍及大西洋宽度上的海岸到达美洲
的海岸，大约在第四或第五太阴小时，首先到达巴西的最东岸；然
后在第六小时到达亚马逊河的河口，可是在第四小时到达邻近的
岛屿；此后在第七小时到达百慕大群岛，在七时半到达在佛罗里达
的圣奥古斯丁港。所以，潮汐以比按照月球的路径慢的一个运动
通过海洋传播；这一迟滞是非常必要的，使海洋能在巴西和新法兰

① 锡利群岛(Isles of Scilly)的拉丁名。普林尼在《自然史》(*Plin. Nat.* 7.197)中记载“ex *Cassiteride* insula”(自卡西特里德斯岛)。

西①之间落潮，而同时在加那利群岛，以及在欧洲和非洲涨潮；且反之亦然。因为海洋不能在一个地方升高而不在另一个地方下落。而且可能太平洋按照相同的定律被推动；因为据说在智利和
71 秘鲁的海岸，最高的涨潮发生在第三太阴小时。但我还不明了它以什么速度从那里传播到日本的、菲律宾的和邻近中国的其他岛屿的东海岸。

(45) 由于水底和海岸的阻碍，会发生各种现象，例如海水可能每天涨潮一次。

此外，会发生潮汐可能从海洋经不同的通道到达同一港口，而且可能通过一些通道比通过另一些通道迅速，在这种情形，同一潮汐被分成两个或多个彼此相继的潮汐，这些潮汐会合成不同种类的新的运动。让我们设想一次潮汐被分成两个相等的潮汐；其中的前者先于后者六小时，并在月球经过港口的子午线后的第三或第二十七小时发生。如果月球在它这次经过子午线时在赤道上，则每六小时这里产生相等的涨潮，它们与相同数目的相等的落潮相遇，它们如此平衡使得那天的水平静不动。如果月球那时偏离赤道，在海洋中较大和较小的潮汐相交替，正如已说过的；且自海
72 洋中两个较大的和两个较小的潮汐交替地传播到那个港口。两个较大的涨潮在它们中间的时刻形成最高的水位，在较大的涨潮和较小的涨潮的中间时刻使水上升到一个平均的高度，且两次较小的涨潮在它们中间的时刻水上升到它们的最小的高度。因此在二

① 17世纪法国在北美所占的领土、包括加拿大东部、大湖地区和密西西比谷地。

十四小时的时间,水不是两次,而仅一次达到最大的高度,一次达到最小的高度;而且它们的最大的高度,如果月球向上天极偏斜,将发生在月球经过那个位置的子午线之后的第六或第三十小时;且月球的赤纬的改变,使这一涨潮变为落潮。

所有这些事情的一个例子发生在东京王国[①]北纬 20°. 50′的巴特沙港。在这个港口,当月球在赤道上方后的一天,海水平静;当月球向北偏斜时,海水开始涨潮和落潮,但不是如同在其他港口每天两次,而是一天一次;且在月球下落时,涨潮开始;当月球升起时,落潮最大。这一潮汐与月球的赤纬一起增大,直到第七或第八 73
天;然后在接下来的七天或八天,潮汐减小,减小的程度与以前增加的程度相同,并当月球改变其赤纬时停止。在这之后,涨潮立即变成落潮。所以,落潮发生在月球落下时,且涨潮发生在月球升起时,直到月球再次改变它的赤纬。从海洋到这个港口有两条通道:其一是更直接且更短的位于海南岛和中国的广东省之间的通道,另一通道在海南岛和交趾[②]之间的海岸弯曲;通过较短的路径,潮汐更快地传播到巴特沙。

(46) 潮汐的时间在海峡中比在海洋中更不规则。

在河道中的涨潮和落潮依赖河的水流,水流阻碍来自海中的水的进入,并促进它们退回海中,使得海水的进入较迟且较慢,退回较早且较快;且因此退潮比涨潮持续更久,特别在离河流的源头

① 17 世纪的一个封建王国,地理位置在今天的越南。

② 旧地名,在今天的越南。

近的地方，在那里大海的力较小。斯图米这样告诉我们，在布里斯
74 托尔下方三哩的埃文河，水涨潮仅五小时，但落潮七小时。无疑在卡勒山姆或在巴斯，差异比布里斯托尔更大。这一差异类似地依赖涨潮和落潮的大小；因为邻近发光体的朔望时，海洋的更加剧烈的运动更容易克服河流的阻力，便海水的流入发生得较早且持续更久，并因此减小这一差异。但当月球靠近朔望时，河被充得更满，它们的水流由于大的潮汐而受阻，在略后于朔望时对海洋退潮的迟滞比略前于朔望时有些大。因此在所有的潮汐中，最慢的不发生在朔望，而略早于朔望的时间；且我在上面观察到，朔望前的潮汐也受到太阳的力的迟滞；由于这两种原因的联合，潮汐的迟滞在朔望之前既较大又来得较早。由弗拉姆斯蒂德从大量的观测编制的潮汐表，我的所有发现就是如此。

75 **(47) 自较大和较深的海洋产生的潮汐较大，潮汐在大陆的海岸比在海洋中间的岛屿大，在通向大海有宽的入口的浅的海湾潮汐更大。**

我们刚描述过的定律支配潮汐的时间；但潮汐的大小依赖海洋的大小。设 C 表示地球的中心，$EADB$ 表示卵形的海，CA 是这个卵形的长半轴，CB 为以直角竖立在前者之上的短半轴，D 为 A 和 B 之间的中点，且 ECF 或 eCf 是位于地球中心的角，对着在海岸 E，F 或 e，f 终止的海洋的宽度。现在，设点 A 是点 E，F 的正中间，且点 D 在点 e，f 的 正中间，如果高度 CA，CB 的差代表在
76 环绕地球的非常深的海中潮汐的大小，则高度 CA 对高度 CE 或 CF 的超出代表终止于海岸 E，F 的海洋 EF 在其中间的潮汐的大

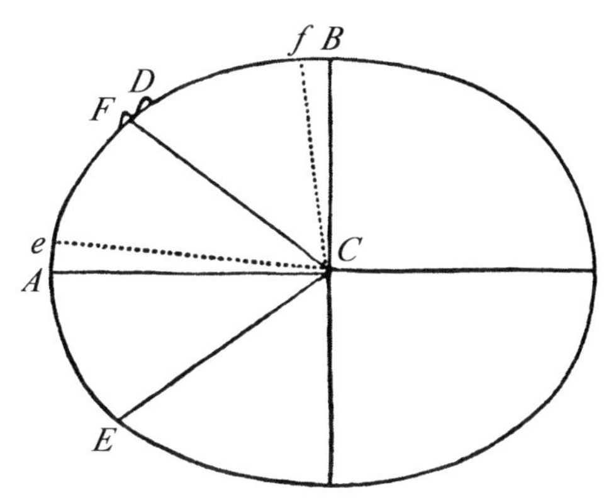

小；且高度 Ce 对高度 Cf 的超出差不多表示潮汐在同一海洋的海岸 f 的大小。因此，显然在海洋的中央的潮汐远小于在海岸的潮汐，且在海岸的潮汐差不多如同 EF；海洋的宽度不超过四分之一圆周的弧。在非洲和美洲之间，靠近赤道的海是狭窄的，因此在那里的潮汐远小于向着温带任一侧的地方的潮汐，那里的海洋扩展得很开；或者几乎在太平洋的所有的海岸，无论是朝向美洲或是朝向中国，且无论是在回归线之内或是在回归线之外，在海洋中央的岛屿，海潮很少升高到二呎或三呎，但在大陆的海岸有三或四倍，或者更大海潮，特别是当来自海洋的运动逐步传播到一个窄的空间，且海水轮流填满并清空海湾，迫使涨潮和落潮猛烈地通
过浅的地方，如在英格兰的普利茅斯和切普斯托桥（*Chepstow* 77
Bridge），在诺曼底的圣米歇尔山和阿夫朗什镇，以及在东印度的坎贝（*Cambaia*①）和勃固。在这些地方，海水猛烈地到来并退去，有时留下许多哩的干燥海岸。流入的水和回流的水在水被升高或压下至四十或五十呎或更高之前不会停止。于是长而浅的海峡，它们以比通道的其余部分宽且深的峡口通向海洋（如围绕不列颠海峡以及麦哲伦海峡的东通道），有较大的涨潮和落潮，或者更大

① 现在的 *Cambay*。

地增加或减小它们的过程，因此海水上升得更高且下降得更低。在南美洲的海岸，据说太平洋在退潮时有时后退两哩，露出在岸边上留下的东西。因此，在这些地方潮水也较高，但在深水中涨潮和落潮的速度总是较小，且所以潮汐的上升和下降也较小。也不在这样的地方海洋升高超过六、八或十呎。我按如下方式计算升高的量。

78 **(48) 由前面的原理，计算太阳摄动月球的运动的力。**

设 S 表示太阳，T 表示地球，P 表示月球，$PADB$ 表示月球的轨道。在 SP 上取 SK 等于 ST，且 SL 比 SK 按照 SK 比 SP 的二次比；平行于 PT 引 LM；又设指向地球的环绕太阳的力的平均量由 ST 或 SK 表示，则 SL 表示指向月球的力的量。但是那个力由部分 SM，LM 合成，其中（由第 I 卷命题 XLVI 及其系理，这是显然的）力 LM 和力 SM 的由 TM 表示的部分摄动月球的运动。就地球和月球围绕它们的重力的公共的中心运行而言，地球受到类似力的作用，但我们可以把力的和以及运动的和归之于月球，且力的和由与它们成比例的直线 TM 和 ML 表示。力 LM 的

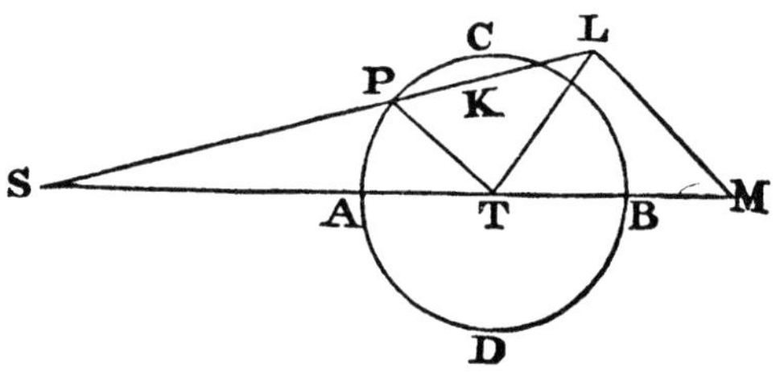

79 平均量比月球能以距离 PT 围绕静止的地球在轨道上运行的力（由第 I 卷命题 LXVI 系理 17）按照月球围绕地球的循环时间比地球围绕太阳的循环时间的二次比，这就是，按照 $27^{d}.\ 7^{h}.\ 43^{m}$ 比

$365^{d}.6^{h}.9^{m}$的二次比；或者如同 1000 比 178725，即 1 比 178 $\frac{29}{40}$。月球能在 60 $\frac{1}{2}$ 个地球的半直径的距离 PT 围绕静止的地球运行的力，比它能在 60 个地球的半直径的距离以相同的循环时间运行的力如同 60 $\frac{1}{2}$ 比 60，且这个力比我们附近的重力差不多如同 1 比 60×60；且所以平均力 ML 比在地球的表面的重力如同 1× 60 $\frac{1}{2}$ 比 60×60× 178 $\frac{29}{40}$，或 1 比 638092.6。因此，由直线 TM，ML 的比，力 TM 也被给定。于是也就有了太阳的力，月球的运动被这些力摄动。

(49) 计算移动大海的太阳的吸引。

如果我们从月球的轨道下降到地球的表面，那些力按照距离 80
60 $\frac{1}{2}$ 比 1 的比减小；且所以 LM 比重力小 38604600 倍。但这个力相等地作用在地球的各个地方，几乎对海洋的运动不产生任何改变，所以在解释这一运动时可忽略。另一个力 TM，当太阳在天顶，或太阳所在的位置在最低点时，是力 ML 的量的三倍，且因此只比重力小 12868200 倍。

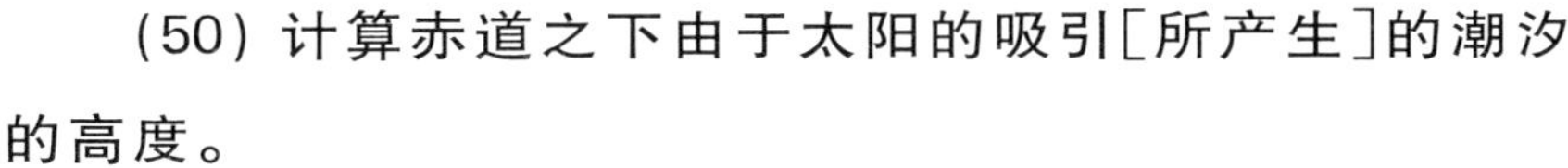

(50) 计算赤道之下由于太阳的吸引[所产生]的潮汐的高度。

现在，假设 $ADBE$ 表示地球的球形表面，$aDbE$ 是覆盖它的水的表面，C 是两者的中心，A 为太阳在天顶时正下方的位置，B
为对面的位置；D，E 是离前者 90 度远的位置，$ACEmlk$ 是通过地 81
球的中心的成直角的圆柱形水槽。在任意位置的力 TM 如同该

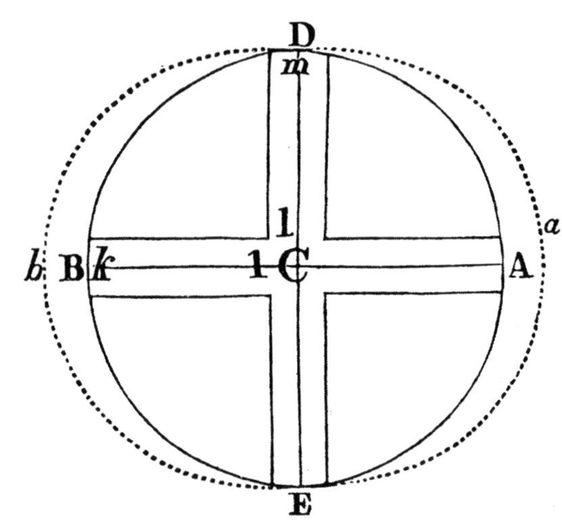

位置离平面 DE 的距离。自 A 至 C 的直线以直角立于这个平面上，所以在由 $EClm$ 表示的水槽中的部分 TM 为零，但在 $ACIk$ 中的部分如同在每个高度的重力；因为（由第 I 卷命题 LXXIII）在向着地球的中心下降，在每个地方的重力如同这个地方的高度；所以把水向上拉的力 TM 使在水槽的股 $ACIk$ 中的重力按照一个给定的比减小；因此在这一股中的水将上升，直到其被减小的重力被其更大的高度所补偿；在它的整个重力变成等于在水槽的另一股 $EClm$ 中的整个重力之前不会以平衡而静止，因为每个小部分的重力如同它离地球的中心的距离，在每个股中所有水的重量如同高度的平方而增加；所以，在股 $ACIk$ 中水的高度比在股 $ClmE$ 中水的高度如同数 12868201 比 12868200 的比的平方根，或按照数 25623053
82 比数 25623052 的比，则在股 $EClm$ 中水的高度比在两股中水的高度的差，如同 25623052 比 1。按照近来法兰西人的测量，股 $EClm$ 的高度是 19615800 巴黎呎，所以，按照前面的比例，得出高度的差为一巴黎呎的 $9\frac{1}{5}$ 吋；则太阳的力使海洋在 A 的高度比它在 E 的高度超出 9 吋。且即使水槽 $ACEmlk$ 被想象为冻结成硬的固体，在 A 和 E，以及在所有其他居间的位置的海洋的高度，仍保持相同。

(51) 计算在纬线圈上由于太阳的吸引[所产生]的潮汐的高度。

设 Aa（在下图中）表示在 A 的九时高的超出，hf 为在任意其他位置 h 的高度的超出；设在 DC 上落下垂线 fG，交地球的球面于 F；则因为太阳的距离如此遥远，向它所引的直线可以认为是平行线，在任意位置 f 的力 TM 比在位置 A 的力如同正弦 FG 比

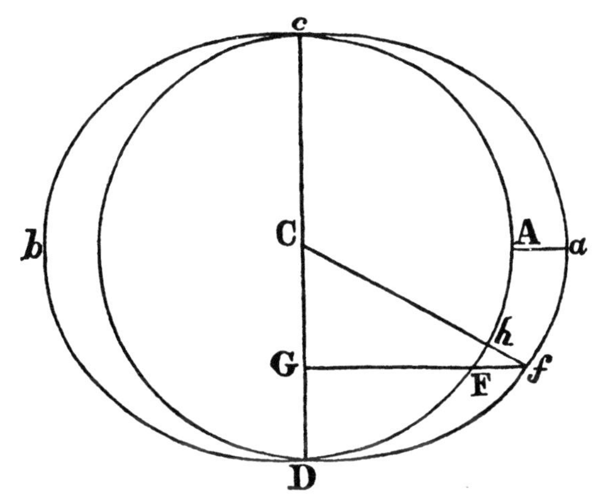

半径 AC。所以，由于那些力沿平行线的方向趋向太阳，它们按照 83
相同的比生成平行的高度 Ff，Aa；因此，海水的[表面的]形状
$Dfacb$ 是一个椭圆围绕其长轴 ab 旋转出的扁球，且竖直高度 fh 比
倾斜高度 Ff 如同 fG 比 fC，或者如同 FG 比 AC。所以，高度 fh
比高度 Aa 按照 FG 比 AC 的二次比，这就是，按照角 DCf 的二倍
的正矢比二倍的半径，且由此被给定。所以，在太阳围绕地球视运
行期间，在时间的不同的瞬，我们能推断出在赤道之下任意给定的
位置海水上升和下降的比例，以及上升和下降的减小，无论从地方 84
的纬度或者从太阳的赤纬；亦即，由地方的纬度，海水在任意位置
的上升和下降如同纬度的余弦的平方而被减小；且由太阳的赤纬，
在赤道之下的海水的升高和下降如同赤纬的余弦的平方而被减

小。在赤道之外的地方，早晨和晚上海水升高的和之半（这就是，平均的升高）差不多按照相同的比被减小。

(52) 在朔望和方照时，由于太阳的和月球的吸引的结合，在赤道之下的潮汐的比。

设 S 和 L 分别代表太阳和月球在离地球的平均距离上，它们在地球的赤道上的力；R 为地球半径，T 和 V 是在任意给定的时间太阳的和月球的赤纬的余角的二倍的正矢，D 和 E 是太阳的和月球的平均视直径；又设 F 和 G 为它们在那个给定的时间的视直
85 径，朔望时在赤道之下它们举起潮汐的力是 $\frac{VG^3}{2RE^3}L+\frac{TF^3}{2RD^3}S$；在方照时是 $\frac{VG^3}{2RE^3}L-\frac{TF^3}{2RD^3}S$。且如果类似地观察到在纬线圈之下有相同的比，从在我们的北方地域所做的精确观测，我们能确定力 L 和 S 之比；然后由这个规则预测从属于每次朔望和方照的潮汐的大小。

(53) 计算引起潮汐的月球的吸引力以及由这一吸引力水［达到］的高度。

春天和秋天时，在布里斯托尔之下三哩的埃文河口，（由斯图米的观测）在两个发光体的合和冲，水的总的升高约为 45 呎，但在方照时仅为 25 呎。由于发光体的视直径不在这里确定，让我们假设取作它们的平均值，且月球的赤纬在二分的方照取其平均值，这就是，$23\frac{1}{2}°$；假设地球半径为 1000，这个角的余角的二倍的正矢是 1682。但在二分时，太阳的和在方照的月球的赤纬为零，它们的余角的二倍的正矢都是 2000。因此那些力在朔望成为 $L+S$，

且在方照成为$\frac{1682}{2000}L—S$，分别与 45 呎和 25 呎的潮汐的高度成比 86
例，或者与 9 步(pace)或 5 步成比例。所以，外项乘以外项且内项乘以内项，我们得到 $5L+5S=S\frac{15138}{2000}L—9S$，或者 $L=\frac{28000}{5138}S=5\frac{5}{11}S$。

此外，我记得曾有人告诉我，在夏天海水在朔望时的上升比在方照时海水的上升大约如同 5 比 4；在二至时，海水的升高的比可能稍小，约为 6 比 5；因此得出 $L=5\frac{1}{6}S$。在我们从观察能更准确地确定这个比之前，我们设 $L=5\frac{1}{3}S$；因为潮汐的高度如同引起它们的力，且太阳的力能产生九吋高的潮汐，月球的力有能力产生四呎高的潮汐。我们在海水的运动中观察到的交互作用的力，
由这种力海水的运动一旦开始就保持一段时间。如果我们承认这 87
种力会使这个高度加倍，或者也许三倍，则存在力，它足以在海洋中产生我们实际发现的潮汐的所有的量。

(54) 太阳和月球的这些力，除了由它们在海洋中引起的潮汐之外，几乎不能被感觉到。

由是我们已经明了这些力足以移动海洋。但是，就我所能观察到的而言，它们不能在我们的地球上产生任何其他能感觉到的效应；因为在最好的天平上也察觉不到一格令(grain)[①]的 4000 分之一的重量；太阳移动月球的力比地球的重力小 12868200 倍，月

① 牛顿用的是金衡制：1 磅＝12 盎司＝5760 格令＝31.034768 克。

球和太阳两者的力之和，按照 $6\frac{1}{3}$ 比 1 之比超过太阳的力，仍比地球的重力小 2032890 倍；显然两个力合在一起比在一架天平上能察觉得到物体的重量增减的量小 500 倍。所以，它们不能移动悬挂的物体使人能感觉到，也不对摆、气压计，在静水中漂浮的物体，或在类似的静力学实验中产生能感觉到的效应。事实上，在大气中，它们引起如它们对海水引起的涨潮和落潮。但以如此小的运动不会由此产生能被感觉到的风。

88 **(55) 月球约比太阳稠密六倍[①]。**

如果月球和太阳在产生潮汐的效应上，以及它们的视直径之间彼此相等。(由第 I 卷命题 LXVI 系理 14)它们的绝对的力如同它们的大小。但是，月球的效应比太阳的效应大约如同 $5\frac{1}{3}$ 比 1；月球的直径以 $31\frac{1}{2}$ 比 $32\frac{1}{5}$，或者 45 比 46 之比小于太阳的直径。现在月球的力按照效应之比的正比，且按照直径之比的三次方的反比增大。因此，与月球大小相比的月球的力比与太阳大小相比的太阳的力，按照 $5\frac{1}{3}$ 比 1 和 45 比 46 的三次反比的复合比，这就是，大约按照 $5\frac{7}{10}$ 比 1 之比。所以，月球所具有的绝对的力，相对于它的本体的大小，按照 $5\frac{7}{10}$ 比 1 之比大于太阳相对于它的本体的绝对的力。所以月球按照相同的比稠密于太阳。

① 现代值约为 $2\frac{1}{3}$ 倍。

(56) 月球以约 3 比 2 之比稠密于我们的地球[①]。

假定太阳的视直径是 $22\frac{1}{5}'$，在月球围绕地球运行的 $27^{d}.7^{h}.43^{m}$ 的时间，一颗行星能在离太阳的中心 18.954 个太阳的直径的距离围绕太阳运行；且在相同的时间，月球能以 30 个地球的直径 89
的距离围绕静止的地球运动。如果在两种情形中直径的数目是相同的，(由第 I 卷命题 LXXII 系理 2)环绕地球的绝对的力比环绕太阳的绝对的力如同地球的大小比太阳大小。因为地球的直径的数目按照 30 比 18.954 之比而较大，则地球的本体按照那个比的三次方，这就是 $3\frac{28}{29}$ 比 1 而较小。所以，地球的力相对于它的本体的大小比太阳的力相对于它的本体的大小，如同 $3\frac{28}{29}$ 比 1；且由此地球的密度比太阳的密度按照相同的比。然后，由于月球的密度比太阳的密度如同 $5\frac{7}{10}$ 比 1，则前者的密度比地球的密度如同 $5\frac{7}{10}$ 比 $3\frac{28}{29}$，或者如同 23 比 16。因为月球的大小比地球的大小约略如同 1 比 $41\frac{1}{2}$，所以，月球的绝对的向心力比地球的绝对的向心力大约如同 1 比 29，且在月球中的物质的量比在地球中的物
质的量按照相同的比。因此，地球和月球的重力的公共的中心能 90
比迄今为止所确定的更为精确地加以确定；从这一知识现在我们能以更大的精确性推知月球离地球的距离。但我宁愿等到从潮汐的现象更精确地定出月球的和地球的本体的相互之比，同时希望利用比迄今为止所用的更为遥远的站点测得的地球的周长。

① 月球的密度比地球的密度的现代值约为 3:5。

(57) 论恒星的距离。

如是我已阐述了行星的系统。至于恒星,它们的周年视差的
微小证明它们以巨大的距离离开行星的系统:这一视差小于一分
是确定无疑的。由此得出恒星的距离超过土星离太阳的距离 360
倍。那些认为地球是一颗行星,太阳是一颗恒星的人,可以由如下
91 的论证把恒星移到更远的距离。从地球的周年运动,一颗恒星相
对于另一颗恒星会发生一次差不多等于它们的两倍视差的视换位
(apparent transposition);但较大和较近的恒星相对于只能通过
望远镜看到的遥远的恒星,到目前为止没有观察到它们的极小的
运动。如果我们假设那项运动只小于 20″,较近的恒星的距离将
超过木星[离太阳的]平均距离的 2000 倍。再者,土星的圆面,它
的直径只有 17″或 18″,仅接受大约 $\frac{1}{2100000000}$ 的太阳光;因为那
个圆面比土星的轨道的整个球面是如此之小。现在,如果我们假
设土星反射这些光的大约 $\frac{1}{4}$,从它的被照亮的半球反射的所有光
是从太阳的半球发出的所有光的 $\frac{1}{4200000000}$;因为太阳光按照
离该发光体的距离的平方的反比被稀薄。所以,如果太阳比土星
远 $10000\sqrt{42}$ 倍,它看起来会和没有环的土星一样明亮,这就是,
比一等恒星稍亮。所以,让我们假设太阳像一颗恒星那样发光的
92 距离超过土星的距离约 100000 倍,则它的视直径是 $7^{v}.16^{vi}$①,且
它的起源于地球的周年运动的视差为 13^{iv};这就是在如此远的距

① $x^{vi}=\frac{x}{606}$度。

离上，体积和光亮等于我们的太阳的恒星的视直径及其视差。也许一些人会想象，如此远的恒星的大部分光在穿过如此巨大的空间的路途中被遮断并失去，由此要求把恒星放到较近的距离；但是按照这种比率，更为遥远的恒星几乎不能被看到。例如，假设光在离我们最近的恒星到我们这里的路途中失去 $\frac{3}{4}$；则 $\frac{3}{4}$ 在穿过两倍的空间中失去两次，在穿过三倍的空间中失去三次，并如此继续下去。所以，在两倍距离上的恒星将暗 16 倍，即由于视直径的减小暗 4 倍，由于光的失去又暗 4 倍。且由相同的论证，在三倍距离上的恒星暗 9×4×4 倍，或 144 倍；那些在四倍距离上的恒星暗
16×4×4×4，或 1024 倍；但光的如此大的减少与现象完全不合， 93
且与把恒星放在不同距离上的假设完全不合。

(58) 诸彗星，当它们进入人们视野时，由它们在经度上的视差证明它们比木星更近。

所以，恒星在彼此之间如此巨大的距离上既不能被察觉到相互吸引，也不被我们的太阳吸引。但彗星必定不可避免地受环绕太阳的力的作用；因为彗星被天文学家定位在月球之外，因为没有发现它们的周日视差，因此它们的周年视差是它们下降到行星的区域的一项令人信服的证据。因为所有在按照[黄道十二]宫的顺序的有向轨道上运动的彗星，如果地球位于它们和太阳之间，在快看不见它们时，它们变得比通常更慢，或者逆行；如果地球靠近相对于日心在它们对面的位置，它们运动得比通常更迅速。另一方面，反过来，如果彗星逆着[黄道十二]宫的顺序而行，如果地球在它们和太阳之间，则在它们的出现快结束时，它们的运动显得比应当的更迅速；如

果地球在它的轨道的另一侧，它们比应当的更缓慢，而且也许逆行。
94 这是由地球在不同位置的运动引起的。如果运动得较快的地球与彗星的运动方向相同，彗星变成逆行；然而如果地球的运动较慢，彗星的运动变得较慢；如果地球在相反的方向上运动，彗星的运动变得较快；通过确定较慢的和较快的运动之间的差，以及更快的运动和逆行的运动的和，并把它们与产生它们的地球的运动和位置比较，通过这一视差，我发现彗星在肉眼将要看不见时的距离总是小于土星到太阳的距离，并且通常甚至小于木星到太阳的距离。

(59) 这也被[它们]在纬度上的视差所证明。

同样的事情能从彗星的路径的曲率推断出来。这些星体当它们持续迅速的运动时差不多在很大的圆上前进；但在它们的路径的结束，当它们的视运动的那个部分，它起源于视差，比整个视运动有较大的比时，它们通常从这些圆偏离，且每次当地球向一个方
95 向前进时，它们向相反的方向偏离；这一偏离，由于它对应于地球的运动，必定主要起源于视差；且它的量是如此显著，根据我的计算，把正消失的彗星定位在远近于木星的位置。因此得出，当它们在它们的近地点和近日点更靠近我们时，它们经常在火星以及更靠下的行星的轨道之内。

(60) 此外，这也被[它们的]视差所证明。

此外，彗星的靠近被它们的轨道的周年视差所证实，就假定彗星在直线上均匀地运动而言，得到的结果非常接近。根据这一假设从四次观测计算一颗彗星的距离的方法（首先由开普勒尝试，并由沃利斯博士和克利斯托弗·雷恩爵士完善)是众所周知的;彗星一般在穿过行星区域的中间呈现这一规则性,如 1607 年和 1618 年的彗星,它们的运动由开普勒确定,经过太阳和地球之间;1664 年的彗星从火星的轨道里面经过;且 1680 年的彗星从水星的轨道里面经过,其运动由克利斯托弗·雷恩爵士和其他人确定。由类似的直线假设,赫维留把我们拥有观测的所有彗星定位在木星的
轨道之内。一些人从彗星的规则运动,或者把它们移入恒星的区 96
域,或者否认地球的运动,这是一些人确信的但却是虚假的见解,它与天文学计算矛盾;其实彗星的运动不能约化为完美的规则性,除非我们假定它们穿过靠近地球的区域。就没有彗星运动和轨道的精确知识确定其视差而言,存在从视差得到的证据。

(61) 从它们的头部的光显示彗星下降直至土星的轨道。

彗星的靠近又从它们的头部的光得以证实;因为被太阳照耀,且向更遥远的区域离去的天体,其光辉按照距离的四次的反比减小;即是,由于离太阳的距离的增大按照一个二次比;又由于天体的视直径的减小按照另一个二次比。因此能推出,土星在二倍的
木星的距离上,其视直径是木星的视直径的差不多一半,看起来应 97
比木星暗 16 倍;如果距离有四倍大,它的光弱 256 倍,所以那样的话肉眼几乎看不到。但是,彗星经常在视直径上不超过土星时等于土星的光亮。因此 1668 年的彗星,根据胡克博士的观测,在亮度上等于一等恒星的光,而它的头,或者在彗发中间的星,通过一架 15 呎长的望远镜显得与靠近地平线的土星一样明亮,但彗头的

直径仅为 25″;这就是,几乎与等于土星及其环的圆的直径相同。围绕彗头的彗发约十倍宽,即是 $4\frac{1}{6}'$。再者,1682 年的彗星[①],它的彗发的最小直径,弗拉姆斯蒂德先生用带测微计的 16 呎长的望远镜测量,是 2′.0″;但彗核,或中间的星,很难拥有这一宽度的十分之一,所以仅宽 11″或 12″;它的头部的光度和亮度超过 1680 年的彗星的头部的光度和亮度,且等于一等或二等星。还有 1665 年的彗星,在 4 月,正如赫维留告诉我们,由于彗星的远为鲜亮的颜
98 色,在明亮上超过几乎所有的恒星,甚至土星本身;因为这颗彗星比上一年的年底出现的彗星明亮,后者可与一等星相比。这颗彗星的彗发的直径约为 6′,但其彗核,通过一架望远镜与行星相比,明显地小于木星,并被认为有时小于,有时等于土星环内的本体。在这一宽度上加上土星的环,土星的整个面比这颗彗星大二倍,拥有的光并不更强;所以这颗彗星比土星更靠近太阳。从通过这些观测发现的彗核与整个彗头的比,以及从彗头的宽度,它很少超过 8′或 12′,似乎彗核大多与行星有相同的视直径,但是它们的光常常可与土星的光相比,而且有时超过它。因此在彗星的近日点,它们[离太阳]的距离很少大于土星[离太阳]的距离。在那个距离的二倍,彗星的光减小四倍,由于其暗淡的灰白色,与土星的光相比,
99 远不及土星的光与更亮的木星相比:这一差异易于被观测到。彗星在十倍远的距离,它们的本体必须大于太阳,但它们的光比土星暗 100 倍。在更大的距离,它们的本体会远远超过太阳,但由于如

① 即著名的哈雷彗星。

此暗的区域，不能再被看见。把太阳算作一颗恒星，无疑不可能把彗星放置在太阳和恒星的中间区域；因为无疑它们从太阳得到的光不多于我们从最大的恒星得到的光。

(62) 它们下降得远低于木星的轨道，且有时低于地球的轨道。

到现在为止，我们在讨论时没有考虑彗星由于极多且浓的烟而出现的模糊，烟包围彗星的头，且通过烟彗星的头仿佛通过云而显得暗淡；因为一个物体被这种烟模糊得愈甚，它必须愈靠近太阳，使得被它在反射光的量上可与行星相媲；因此可能彗星下降得远低于土星的轨道，正如前面从它们的视差所证明的。尤其是此 100
事亦被它们的尾所证实，彗尾或者是由于太阳光自它们产生的烟被反射并弥散在以太中，或者由于它们的头部的光。

在前一种情形彗星的距离必须被缩短，否则总是产生于彗头的烟以难以置信的速度和扩展经过巨大的空间传播；在后一种情形彗头和彗尾的所有的光必须归之于中央的核。所以，如果我们假设所有这些光联合并聚积在彗核的圆面内，无疑彗核会在明亮上远超木星，尤其是当它喷射出非常大且亮的尾时。因此，它以较小的视直径反射较多的光，它必定被太阳照得更亮，所以更靠近太阳。出现在旧历[①] 1679 年 12 月 12 和 15 日的彗星，在那些时间它

① 由于宗教的原因，英国在 1752 年以前一直采用儒略历。相对于被称为新历的格里高利历，儒略历被称为旧历。1700 年之前，旧历的日期和新历的日期相差十天；1700 年 2 月 28 日之后，旧历的日期和新历的日期相差十一天。

喷射出一条非常明亮的尾，其光辉等于像木星那样的许多颗星的
101 光辉，如果它们的光通过如此大的一个空间扩张和散开，而彗星的核的尺寸小于木星（根据弗拉姆斯蒂德先生的观察），所以更靠近太阳；不但如此，核甚至小于水星。因为在那个月的 17 日，那时它更靠近地球，卡西尼通过一架 35 呎长的望远镜看到它略小于土星的球。在这个月的 8 日，哈雷博士在早上看到彗尾，在接近日出时，它显得又宽大又短，好像从太阳的本体上升起的，它的形状像一片极为明亮的云；直到在地平线之上看到太阳时它才消失。所以，它的光辉超过日出之前的云的光，且远远超出所有的星星合在一起的光，仅让位于太阳自身的亮度。水星、金星，以至月球自身，没有被看到如此靠近升起的太阳。想象所有这些扩散的光被收集在一起，并充满小于水星的彗核的圆面；由如此被增大的它的光辉，它变得如此引人注目，远超水星，且因此必定离太阳更近。在

102 同月的 12 和 15 日，这条彗尾扩展到更大的一个空间，显得稀薄，但其光仍然如此强烈，以致在恒星几乎不能被看见时仍然可见，不久以令人惊奇的方式看起来像一根闪耀的火柱。从其 40 或 50 度的长，以及 2 度的宽，我们能算出整个彗星的光。

(63) 这也由它们的尾在太阳附近时的显著光彩所证实。

彗星对太阳的靠近由它们的尾显得最灿烂时的位置得以证实；因为当彗头从太阳旁边经过，并隐藏在太阳光中，非常明亮和闪耀的尾像火柱，据说是从地平线发出的；此后，当彗头开始出现，它已离太阳较远，彗尾的光辉总在减小，并逐渐变成像银河那样的

苍白，但在开始时要亮得多，此后逐渐消失。在亚里士多德的《气
象学》第Ⅰ卷第6节中描述了这样灿烂的彗星："其头初不能见，或 103
因下沉早于日落，或因匿于日光；次日其形尽现，因距太阳至近，倾
即下沉。四散之头火，因[即彗尾]燃烧过度，乃不见。燃烧有日
[亚里士多德说]，其后乃小，彗星之面目[彗星的头]，亦复出现，光
辉横天，三有其一[亦即，达60°]。其所来也，是年冬天，其所去
也，猎户腰带。" 查士丁[①]在卷XXXVII中描述了两颗同类的彗
星，据他说："[彗星]如此明亮，整个天似在燃烧，它们的大小占了
天空的四分之一，它们的光辉超过太阳。"最后一句话暗示这两颗
彗星彼此靠近且靠近升起和落下的太阳。对于这些彗星我们可以
加上1101或1106年的彗星[②]，"这颗彗星的核既小且暗[像1680
年的彗星]；但由它产生的光辉极为明亮，似一根火柱横展于东方
和北方。"正如赫维留从达勒姆的僧侣西米恩那里得知的。这颗彗
星约在2月初的晚上出现在西南。由此并由彗尾的位置我们能推
断出彗头靠近太阳。帕利斯·马太说："它离太阳约一肘，自三时 104
[更正确些，六时]至九时，一长光柱由彼射出。"1264年的彗星，在
7月，或在夏至前后，在日出之前，以大的光辉向西射出直至天的
中间，且在开始时它上升得略高于地平线，但随着太阳的前进它日
渐退离地平线，直到它从天空的正中间附近经过。据说在开始时

① 拉丁名为 *Marcus Juniaus Justins*，著有《菲利皮城的历史》(*Historiarum Philippicarum*)。这里提到的著作当指此书。

② 在《盎格鲁-撒克逊编年史》(*The Anglo-Saxon Chronicle*)中，有1106年出现彗星的记载。

它大而且亮，有一个大的彗发，彗发日渐减小。在帕利斯·马太的《英格兰史》的附录（*Append. Matth. Paris ,Hist. Ang.*）中，这颗彗星以这种方式被描述为："主历 1265 年，出现一颗如此奇异的彗星，生活在那时的人们没有一个曾见过类似的彗星，因为它很明亮地从东方升起，以大的光向西延伸至天空的中间。"拉丁原文有些不雅驯且不清楚，附于此：*Ab oriente enim cum mango fulgore surgens, usque ad medium hemisphaerii versus occidentem, omnia perlucide pertrahebat.*

105 在迈克尔·杜卡斯[1]的孙子所著的《拜占庭史》（*Hist. Byzant. Duc. Mich. Nepot.*）中记载："在 1401 或 1402 年，太阳正在地平线之下，在西方出现了一颗明亮又闪耀的彗星，向上射出一条尾巴，灿烂似火焰，形状似长矛，自西向东射出光线。当太阳沉入地平线时，彗星由它自己的光线的光辉普照大地，不允许其他星星显现光芒，也不允许夜晚的幽暗使大气变暗，因为它的光超过其他物体的光，并延伸到天空靠上的部分闪耀。"从这颗彗星的位置，以及它首次出现的时间，我们可推断出彗头那时靠近太阳，并日渐离开；因为这颗彗星持续了三个月。1527 年 8 月 11 日，在早上大约四时，在狮子宫有颗可怕的彗星，几乎整个欧洲都能看到。它每天持续闪耀一小时又一刻钟。它自东方升起，并向西南上升很长的一段距离。彗星对北方人更为显著，而且它的云（亦即，彗尾）非常

① 他在拜占庭的皇帝约翰五世（*John V. Palaeologus*）和约翰六世（*John VI. Cantacuzenus*）之间的内战中起了显著的作用，他的孙子所著的关于拜占庭的历史 1649 年在巴黎出版。

可怕，按照民众的想象，略弯的一只臂握着一把巨剑。在1618年
的11月月底，人们谣传日出前后出现了一条明亮的光柱，其实这 106
是彗尾，彗星的头隐藏在明亮的太阳光中。在11月24日，且从那
时起，这颗彗星以明亮的光出现，它的头和尾非常灿烂。在开始
时，彗尾的长度有20或30°，一直增加到12月9日的75度，但光
比开始时暗淡得多。在1668年3月5日，新历，正在巴西的瓦伦
廷·斯坦塞尔在早上约七时，在西南方向看到一颗彗星靠近地平
线，它的头很小，很难分辨，但彗尾极为明亮和灿烂，使得站在海岸
上的人很容易从海中看到彗尾的反射。这个大的光辉仅持续三
天，从那时起显著地减小。在开始时彗尾以几乎平行于地平线的
位置自西向南伸展23°，看起来像明亮的光柱。之后，彗尾的光减
小，彗尾的大小一直增加到彗星不能再被看到；于是卡西尼在博洛
尼亚看到（在3月10、11、12日）彗尾从地平线升起，长32°。在葡 107
萄牙它被说成占据四分之一的天空（即，45°），自西向东以显著的
光辉伸展；尽管不能看到整个的尾，因为彗头所在的部分总隐藏在
地平线之下。从彗尾的增大，显然彗星的头从太阳退离，且在初始
当彗尾看起来最明亮时，彗星的头离太阳最近。

对所有这些彗星我们可加上1680年的彗星，在彗头与太阳合时，它的令人惊奇的光辉在前面已描述过。但如此巨大的光辉表明此类彗星的确从光的源泉*附近经过，尤其是彗尾在与太阳冲时从来没有如此闪耀；我们也没有读到过火柱曾在那里出现。

* 指太阳。——译者

(64) 由彗头的光，在其他情况相同时，显示在太阳附近其光有多大。

最后，从彗头的光可推断出同样的事情。光在彗星自地球朝太阳退离时增大，在自太阳向地球返回时减小；于是1665年的最后一颗彗星（按照赫维留的观测），从开始看见它，它的视运动总在
108 减小，且因此已过了它的近地点，但彗头的光辉逐日增大，直到彗星被太阳的光线遮盖，终止可见。1683年的彗星（由同一个赫维留的观测），约在7月底，当时它初次被看到，运动得极为缓慢，每天在它的轨道上前进大约40或45分。从那时起彗星的日运动持续增大，直到9月4日，它达到约5°；所以，在所有这些时间，彗星正在靠近地球。这也从以测微计测得的彗头的直径得到类似的证明；因为赫维留发现，在8月6日，包括彗发它仅为6′.5″，在9月2日为9′.7″。所以，彗头在其运动开始时看起来大大小于在其运动结束时，尽管在开始时由于彗头邻近太阳，显得远比运动快结束时明亮，正如同一个赫维留所断言的。所以，在所有这些时间，由于它自太阳退离，其光辉在减小，虽然它向地球靠近。1618年的彗
109 星约在12月的月中，1680年的彗星约在同一个月的月底，两者以它们的最大的速度运动，所以它们那时在它们的近地点；但它们的头的最灿烂的时期间在两星期之前，当它们刚从太阳的光线中脱离；且彗尾最灿烂的时间略靠前，在当它们更靠近太阳时。前一颗彗星的头，按照齐扎特的观测，在12月1日，看起来大于一等星；且在12月16日（那时它在近地点），它在大小上略为减小，而在灿烂或明亮上大为减小。在1月7日，由于不确知彗星的头，开普勒

结束了观测。在[1680 年]12 月 12 日，后一颗彗星的头可见，并在离太阳 9°的一个地方被弗拉姆斯蒂德观测到，几乎不及一颗三等星。12 月 15 日和 17 日，它如同一颗三等星出现，它的光辉被靠近落日的闪亮的云所减小。在 12 月 26 日，它以最大的速度运动，几乎在它的近地点，但弱于飞马座之口(Os Pegasi)①，这是一颗三等星。[1681 年]1 月 3 日，它如一颗四等星出现；1 月 9 日，如 110
同一颗五等星。1 月 13 日，它由于变圆的月球的光亮而消失。1 月 25 日，它勉强等于一颗七等星。如果从近地点向两个方向取相等的时间，在近地点之前和近地点之后位于遥远距离的彗头应相等地发亮，因为离地球的距离相等。但是，在一种情形它们闪闪发亮，而在另一种情形它们消失。在前一种情形应归之于太阳的靠近，在后一种情形应归之于离太阳的距离；从光在两种情形的大的差异推出，在前一种情形彗头与太阳靠得很近，因为彗星的光趋于规则，且当它们的头运动得最快时光显得最大，因此它们在近地点，但彗星的光由于靠近太阳而被增大除外。

(65) 大量的彗星在太阳的区域被看到证实了同一点。

由这些事情我最终发现彗星为何频繁地出现在太阳的区域。如果它们在远高于土星的区域被看到，它们就更经常地出现在太阳对面的那部分天空，因为它们在那些位置离地球更近，且由于中间的太阳遮盖其他天体；但是查阅彗星的记载，我发现在向着太阳 111

① 飞马座 ε 星(Peg ε)。

的半球被看到的彗星比在对着太阳的半球的多四到五倍;除此之外,无疑被太阳的光遮盖的彗星不在少数;因为当彗星下降到我们的区域,既不发出尾巴,又没有被太阳照得很亮,以致在它们离我们比木星更近之前不能被肉眼发现。但以如此小的半径围绕太阳画出的球形空间的绝大部分相对太阳位于地球的一侧,彗星在那个较大的部分,由于其大部分离太阳较近,被太阳强烈地照耀;况且从它们的轨道的显著的偏心率,结果使它们的下拱点远比如果它们的运行在与太阳同心的圆上进行时靠近太阳。

(66) 这也由彗尾的大小和光辉在彗头与太阳合之后大于合之前所证实。

因此我们也理解了为何彗尾,当它们的头正向太阳降落时,总显得短而且稀薄,很少在长度上被说成超过 15 或 20 度;但在彗头

112 退离太阳时,它们常常像火柱一样闪耀,而且不久达到 40、50、60、70 度长或者更长。彗尾的大的光辉和长度起源于太阳传递给靠近它的彗星的热。且因此,我认为可得出结论:所有有这样彗尾的彗星都曾从太阳的近处经过。

(67) 彗尾起源于彗星的大气。

从前面的结论我们得出:彗尾起源于彗头的大气。但是关于彗尾我们有三种意见:有些人持有它们不是别的而是太阳的光束通过彗头的传播,他们假设彗头是透明的;有的人认为彗尾产生于光从彗头到地球前进时的折射;或者,最后,有些人认为它们是从彗头不断产生的一种云或蒸汽,并趋向太阳的对面。持第一种意

见的人尚不熟悉光学，进入暗室的太阳光不能被分辨出来，除非在
空气中飞舞的灰尘和烟的小颗粒反射太阳光；且因此在浓烟弥散 113
的空中，太阳的光显得更亮，在晴朗的空气中这些光更暗淡且更难被看到；但在没有物质反射这些光的天空，它们一点也不能被看到。光不是在光线上被看到，而是在它被反射到我们的眼睛的地方被看到，所以在彗尾被看到的区域必有某种反射物质；于是证据依第三种意见而定：由于除彗尾之外在别的地方找不到反射物质，因为天空被太阳光同等地照亮，不会有天空的某一部分显得比另一部分更灿烂。第二种意见被许多困难所包围。彗尾从来没有被改变颜色，而颜色与折射是不可分离的。恒星的和行星的光到我们这里的明晰的传播证明天空的介质没有反射能力。据说埃及人
有时看到被头发包围的恒星，但这极难发生，毋宁归之于云的偶然 114
的折射，而恒星的闪烁和光彩也要归之于眼睛的和空气的折射，因用望远镜看时，这些光彩和闪烁立即消失了。由于空气的和上升的蒸汽的颤动，会发生光线交替地从瞳孔的狭窄空间偏斜，但通过望远镜的物镜宽的入口则不会发生这样的事情。且因此在前一种情形产生闪烁，但在后一种情形停止；且在后一种情形的停止证明在天空中光规则地传播，没有任何可以感觉得到的折射。但是，为了避免以当彗星的光线不够强时通常看不到彗尾，是因为次等光线(the secondary rays)没有足够的力量影响眼睛，且这就是以看不到恒星的尾的原因为理由反对时，应考虑到恒星的光可以被增
大到超过一百倍，但仍看不到尾；行星的光更丰富而没有尾，但当 115
彗头的光既弱且暗时，彗星有时会被看到巨大的彗尾；这发生在1680 年的彗星上，在 12 月，当彗头的光刚及二等星时，它抛射出

一条显著的尾，长度延伸至 40、50、60 或者 70 度，甚至更长；其后，在[1681 年]1 月 27 日和 28 日，彗头仅如同一颗七等星出现，但彗尾（如上所说）以微弱但是可以感觉到的光在长度上延伸至 6 或者 7 度，且以几乎不能被看到的极暗淡的光延伸到 12 度或更长。但在 2 月 9 日和 10 日，当时肉眼看不见彗头，通过望远镜，我看到 2° 长的彗尾。而且，如果彗尾起源于天体物质的折射，且如果它按照天空所需的形状从太阳的对面偏转，但是在天空的相同区域，那个偏转总应发生在相同的方向。然而，1680 年的彗星，在 12 月 $28^{d}.$
116 $8\frac{1}{2}^{h}$ ①，伦敦的午后，它在双鱼宫 8°.41′，且北黄纬为 28°.6′，当时太阳在摩羯宫 18°.26′。又 1577 年的彗星，在 12 月 29 日，它在双鱼宫 8°.41′，且北黄纬为 28°.40′，太阳如同以前，大约也在摩羯宫 18°.26′。在两种情形中，地球在相同的位置且彗星出现在天空的同一地方；然而在前一种情形，彗尾（根据我的和其他人的观测）从太阳的对面向北有 $4\frac{1}{2}$°角的一个倾斜，在后一种情形彗尾（根据第谷的观测）向南的倾角为 21°。所以，由于天空的折射被证明不成立，余下的是从其他反射光的物质导出彗尾的现象。足以充满如此巨大的空间的蒸汽来自大彗星的大气，容易由以下的理由理解。

117 **(68) 在天空的空气和蒸汽极为稀薄，且很少量的蒸汽足以解释彗尾的所有现象。**

众所周知，靠近地球表面的空气所在的一个空间比相同重量

① $x^{d}.y^{h}$表示第 x 天第 y 小时。

的水所占的空间约大 1200 倍；且因此 1200 呎高的圆柱形空气柱与 1 呎高、宽度相同的水柱的重量相同。而且高耸至大气顶端的空气柱等于高约 33 呎的水柱的重量；所以，如果整个空气柱的较低的 1200 呎高的部分被除去，剩下的上面的部分等于高约 32 呎的水柱的重量。因此，在 1200 呎，或两浪(furlong)①的高度，其上所压的空气的重量以 33 比 32 之比小于地球表面上所压的空气的重量，且由此被压缩空气的稀薄度以 33 比 32 之比大于地球表面的空气被压缩的稀薄度。且由这个比(借助第 II 卷命题 XXII 的系理)，假设空气的膨胀与它的压力成反比，我们能计算在无论何处的空气的稀薄度；且这个比被胡克和其他人的实验所证明。计算的结果我记在下表中，其中的第一列是空气高度的英里数，这里 118
的 4000 等于地球的半直径；第二列为空气的压力，或压在上面的空气的重量，第三列为它的稀薄度或膨胀度，假设重力按照离地球的中心的距离的平方的反比减小。这里的拉丁数字表示零的个数，如 0. xvii1224 表示 0. 000000000000000001224，12956xv 表示 12956000000000000000。

空气的		
高度	压力	膨胀
0	33	1
5	17. 8515	1. 8486
10	9. 6717	3. 4151

① 英国长度单位：1 浪＝660 呎。

续表

20	2.852	11.571
40	0.2525	136.83
400	0.xvii1224	26956xv
4000	0.cv4465	73907cii
40000	0.cxcii1628	20263clxxxix
400000	0.ccx7895	41798ccvii
4000000	0.ccxii9878	33414ccix
无穷	0.ccxii6041	54622ccix

由这个表，显然在向上前进时空气按这种方式变化，一个最接近地面的直径仅为一英寸的空气球，如果它以在地球的半直径的
119 一个高度的稀薄度扩大，将充满直到土星的球的行星区域，并远远超出它；且以在十个地球的半直径的一个高度的稀薄度扩大，按照先前计算的恒星的距离，将充满大于在恒星这边的整个天空。由于彗星的远为浓密的大气，以及环绕太阳的大的向心力，也许在天体空间中的空气，以及在彗尾上的空气不是如此极为稀薄，但由这一计算，非常少量的空气和蒸汽产生彗尾的所有现象是绰绰有余的；因为从星星透过彗尾闪耀，彗尾的确非常稀薄。地球的大气，厚度只有几哩，被太阳的光照亮时，不仅所有星星的光，而且月球自身的光被遮蔽并熄灭；然而透过极厚的彗尾，它同样地被太阳照亮，能看到最小的星星发光，且它们的光辉丝毫不减。

120 **(69) 彗尾以何种方式由它们的头部的大气产生。**

开普勒把彗尾的上升归之于彗头的大气，把它们的向着太阳相反的方向归之于携带彗尾物质的光束的作用;假设在极自由的空间中,一种与以太那样精细的物质退让太阳光的光线的作用,并非绝不相宜,尽管不能感觉到那些光线移动在我们周围的粗大物质,这些物质以显见的阻力凝在一起。另一些作者认为,存在如同重力那样的被赋予轻力(levity)原理的物质的小部分,彗尾可能由后一种物质构成,且其远离太阳的上升可能由于其轻力;但是,考虑到地球上物体的重力随着物体的物质而变化,按照相同的物质的量,既不多又不少,我倾向于相信这种上升是由于彗尾物质的稀薄作用。在烟囱中烟的上升是由于空气的推动,烟与空气缠结。
空气受热上升,由于它的比重减小,且在其上升中它携带与它缠结 121
的烟。彗尾为何不以同样的方式上升呢?因为太阳的光线对它穿过的介质除了反射和折射之外没有作为;且反射的小部分被此种反射加热,并且加在与它们缠结的以太上。那些物质由于得到的热而稀薄,这一稀薄作用使那些物质早先向着太阳的比重被减小,它从那里像气流一样上升,并且携带构成彗尾的会反射的小部分;太阳光的推动,正如我们已说过的,促进了上升。

(70) 从彗尾的多种多样的表现,显然它们是由这些大气产生的。

但是彗尾确实由彗头产生,并趋向太阳的对面,这由彗尾遵守的定律被进一步地证实;因为在穿过太阳的彗星的轨道的平面上,彗尾总是从太阳的对面向彗头在它们的前进中在那些轨道上留下
的部分偏转;并且对一个位于那些平面上的观察者而言,彗尾出现 122
在正对着太阳的方向;但随着观察者从那些平面退离,它们的偏转

开始出现，并日渐增大。在其他情况相同时，当彗尾对于彗星的轨道更倾斜时，偏转较小；当彗头更靠近太阳时，亦是如此。此外，没有偏转的尾显出是直的，而偏转的彗尾类似地以一定的曲率弯曲，偏转大时曲率亦大，在其他情况相同时，对较长的彗尾更容易感觉到其弯曲；因为对较短的彗尾不易察觉到其弯曲。且偏转的角在邻近彗头时较小，在向着彗尾的另一端时较大，因为彗尾靠下的一侧与偏转在那里形成的部分相关，且位于从太阳穿过彗星的头所
123 引的无限的直线上。较长且较宽的彗尾，当它以较强的光闪耀时，向着凸的一侧比凹的一侧更灿烂且以更明确的界线终止。因此，显然，彗尾的天象依赖它们的头的运动，而不是彗头在天空被看到的地方；所以，彗尾不是出自天空的折射，而是出自彗星的头，彗头提供形成彗尾的物质；因为如同在我们的空气中，任何被燃烧的物体的烟寻求上升，且如果物体静止时烟垂直上升，而当物体运动时烟倾斜上升。于是在天空中，在那里所有物体有向着太阳的重力，烟和蒸汽（正如我们已说过的）应远离太阳上升，且如果冒烟的物体静止，则它垂直地上升；如果物体由于前进总离开蒸汽的已上升到较高位置的部分，则它倾斜地上升。且在蒸汽以较大的速度上升的地方，即靠近冒烟的本体的地方蒸汽柱的弯曲较小，那时彗星
124 的本体在太阳附近；因为那里使蒸汽上升的太阳的力较强。此外，由于倾斜的参差不齐，蒸汽柱被弯曲；因为蒸汽在向前的一侧稍为新近，这就是，从彗头上升得较晚，所以在这一侧较为浓密，因此反射的光也较多，因而边界较分明；在另一侧的蒸汽逐步衰减，并消失。

(71) 由彗尾证明有时它们进入水星的轨道之内。

但解释自然现象的原因不是我们当前的事务。不管我们刚说过的是对是错,至少我们在前面的讨论中看出,光线直接地从彗尾沿直线穿过天空传播,在天空中的彗尾显现给无论处于何地的观察者,结果是从彗头升起的彗尾必定向着太阳对面。由这一原理我们能以如下方式重新确定它们的距离的界限。设 S 表示太阳,T 表示地球,STA 为彗星离开太阳的距角,且 ATB 为其尾的视长度;因为光线自彗尾的末端沿直线 TB 的方向传播,这个顶端应在直线 125

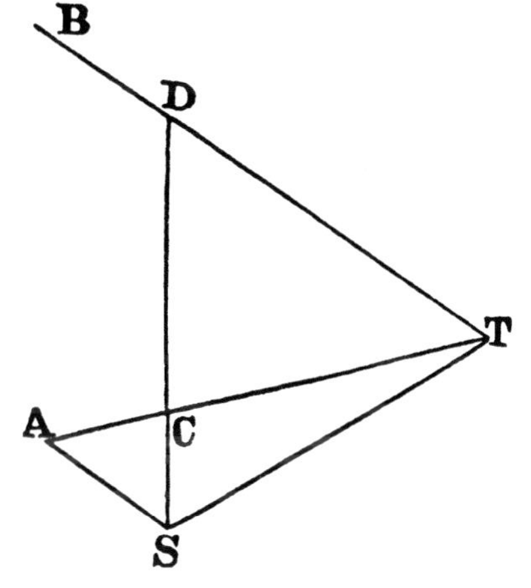

TB 上的某个地方。设它在 D,联 77
结 DS 截 TA 于 C。因为彗尾总是向着差不多与太阳相对的部分伸展,则太阳,彗头,以及彗尾的木端位丁一条直线上,彗头将在 C 被发现。平行于 TB 引 SA 交 TA 于 A,则彗头必位于 T 和 A 之间,因为彗尾的末端位于无穷直线 TB 上的某处;从点 S 到直线
TB 所能引的所有直线 SD 一定截直线 TA 于 T 和 A 之间的某 126
处。所以,彗星离地球的距离不超过间隔 TA,离太阳的距离不超过间隔 SA,或在太阳这一边的 ST。例如,1680 的彗星离开太阳的距角,在 12 月 12 日,是 $9°$,彗尾的长度至少为 $35°$。所以,如果作一个三角形 TSA,它的角 T 等于距角 $9°$,且角 A 等于 ATB,或彗尾的长度,即 $35°$,则 SA 比 ST,这就是,彗星离太阳的最大可能

的距离的界比地球的轨道的半直径，如同角 T 的正弦比角 A 的正弦，这就是，大约如同 3 比 11。所以，在那时彗星离太阳的距离小于地球离太阳的距离的 $\frac{3}{11}$，因此彗星或者在水星的轨道之内，或者在水星的轨道和地球的轨道之间。再者，在 12 月 21 日，这颗彗星离太阳的距角是 $32\frac{2}{3}^{\circ}$，且其尾的长度为 70°。所以，$32\frac{2}{3}^{\circ}$ 的正弦比 70°的正弦，这就是，4 比 7，如同彗星离太阳的距离的界比地球离太阳的距离，且因此那时彗星尚未跑出金星的轨道之外。
127 12 月 28 日，这颗彗星离太阳的距角是 55°，其尾的长度为 56°；所以，彗星离太阳的距离的界限尚不等于地球离太阳的距离，因此，彗星那时尚未跑出地球的轨道之外。但从其视差我们发现彗星约在 1 月 5 日离开地球的轨道，而且它曾下降得远低于水星的轨道。让我们假设在 12 月 8 日，当彗星与太阳相合时，在它的近日点，因此在它从近日点到离开地球的轨道这一旅程中用了 28 天；于是在接下来的 26 或者 27 天后，用肉眼不能再看到它，它几乎没有使它离太阳的距离加倍。由类似的论证可得到其他彗星的距离的界限。我们最终得到结论：所有彗星，在它们能被我们看到的时间，在以太阳为中心，以地球离太阳的距离的两倍，或至多三倍为半径画出的球形空间的范围内。

128 **(72) 彗星在焦点是太阳的中心的圆锥截线上运动，且向那个中心所引的半径画出的面积与时间成比例。**

且因此得出，在彗星能被我们看到的整个时间，它们在环绕太阳的力的作用范围之内，所以被那个力的冲击推动（由第 I 卷命题 XIII 系理 1，与行星相同的原因），使它们在焦点是太阳的中心的圆锥截线上运动,且由向太阳所引的半径画出与时间成比例的面积;因为那个力传播到极远的距离,并支配远远超出土星轨道的物体的运动。

(73) 由彗星的速度推知,这些圆锥截线接近抛物线。

关于彗星有三种假设:有些人认为它们如同它们经常出现和消失那样生灭;另一些人认为它们来自恒星的区域,并且在它们穿过我们的行星体系的路径上被看到;最后,有一些人认为它们是在非常偏心的轨道上不断地围绕太阳运行的物体。在第一种情形,
按照彗星不同的速度,它们在所有种类的圆锥截线上运动;第二种 129
情形,它们画出双曲线,在这两种情形的任何一种中,彗星无差别地出没在天空的各处,既在黄极区又在黄道区;在第三情形,它们的运动在非常偏心的,且非常接近抛物线的椭圆上进行。但是(如果它们遵从行星的定律)它们的轨道不自黄道的平面倾斜很多;而且,就我到目前为止所观察到的而言,第三种情形得到认可;因为彗星主要出没在黄道带,几乎不曾达到40°的日心纬度。我从彗星的速度推断出它们在非常接近抛物线的轨道上运动;因为(由第I卷命题XVI系理7)在抛物线上,任意的位置被画出的速度比彗星或行星以相同的距离围绕太阳在圆上运行的速度如同$\sqrt{2}$比1;而且由我的计算,发现彗星的速度差不多与此完全相同。我从彗星的距离相继推出其速度以检验此事,既从视差又从彗尾的天象
推得距离,从没有发现速度的超出或不足的误差大于可能从按那 130
种方式计算距离的误差。但我也利用如下的推理。

(74) 彗星画出的抛物线轨道穿过地球的轨道的球的时间长度。

假设地球的轨道的半径被分成1000份，设表Ⅰ中的第一列代表抛物线的顶点离太阳的中心的距离，由那些份表示；彗星经它的近日点到以太阳为中心，以地球的轨道的半径画出的球面的时间表示在第二列；在第3、4和5列表示彗星经过二倍、三倍和四倍它离太阳的距离的时间。

131 **表Ⅰ**

一颗彗星离太阳的中心的距离	彗星在其路径中的时间，自其近日点到离太阳的距离等于											
	地球的轨道的半径			二倍半径			三倍半径			四倍半径		
	d	h	m	d	h	m	d	h	m	d	h	m
0	27	11	12	77	16	28	142	17	14	219	17	30
5	27	16	07	77	23	14						
10	27	21	00	78	06	24						
20	28	06	40	78	20	13	144	03	19	221	08	54
40	29	01	32	79	23	34						
80	30	13	25	82	04	56						
160	33	05	29	86	10	26	153	16	08	232	12	20
320	37	13	46	93	23	38						
640	37	09	49	105	01	28						
1280				106	06	35	200	06	43	297	03	46
2560							147	22	31	300	06	03

132 彗星进入地球的轨道的球的时间，或离开此球的时间能从它

的视差推出，但由下表更为简捷：

表 II

彗星离太阳的视距角	彗星在其轨道上的视日运动		地球的轨道的半径包含 1000 份，彗星离地球的距离的份数
	顺行	逆行	
60°	2° 18′	00° 20′	1000
65°	2° 33′	00° 35′	845
70°	2° 55′	00° 57′	684
72°	3° 07′	01° 09′	618
74°	3° 23′	01° 25′	551
76°	3° 43′	01° 45′	484
78°	4° 10′	01° 12′	416
80°	4° 57′	02° 49′	347
82°	5° 45′	03° 47′	278
84°	7° 18′	05° 20′	209
86°	10° 27′	08° 19′	140
88°	18° 37′	16° 39′	70
90°	无穷	无穷	00

(75) 1680 年的彗星经过地球的轨道的球时的速度。

彗星进入地球的轨道的球，或它离开同一个球，发生在其离开太阳的距角的时间，相对于其周日运动，表示在第一列中。1681 133
年的彗星，在 1 月 4 日，旧历，在其轨道上的视周日运动约为 3°5′，并对应距角 $71\frac{2}{3}°$；彗星在 1 月 4 日晚上约六时自太阳获得这个距角。又，在 1680 年 11 月 11 日，这颗彗星的周日运动那时表现为约 $4\frac{2}{3}^{\circ}$，对应的距角为 $79\frac{2}{3}^{\circ}$，发生在 11 月 10 日子夜之前不久。现在，在所说的时间，这些彗星到达离太阳与太阳离地球等距的地方，且地球在那时差不多在它的近日点。但是第一张表适合被假定为 1000 份的地球离太阳的平均距离；但这一距离大于地球由其周年运动在一天的时间画出的空间，或彗星在 16 小时的运动。为了把彗星的距离约化到 1000 份的平均距离上，在前一时间
134 上我们加上 16 小时，从后一时间减去 16 小时，于是前者成为 1 月 4 日下午 10 时；后者成为 11 月 10 日，大约早上 6 时。从彗星周日运动的趋势和进程，似乎两颗彗星在 12 月 7 日和 12 月 8 日之间与太阳相合；且从那时，一方面到 1 月 4 日下午 10 时，另一方面到 11 月 10 日早上 6 时，约有 28 天。这么多的天数（由表 I）正是彗星在抛物线轨道上的运动所需要的。

（76）这些彗星不是二颗，而是一颗且同一颗彗星；更精确地确定这颗彗星在那条轨道上以多大的速度穿过天空。

尽管到目前为止我们把这些彗星作为两颗考虑，但是从它们的近日点的重合以及它们的速度的符合，事实上它们可能是一颗且同一颗彗星；如果是这样的话，这颗彗星的轨道或者是一条抛物线，或者至少是与抛物线相差甚小的圆锥截线，且其顶点几乎与太阳的表面接触。因为（由表 II）彗星离地球的距离，在 11 月 10 日，约为 360 份；在 1 月 4 日，约为 630 份。由这些距离，以及其黄经和黄纬，我们推出彗星在那些时间所在的位置之间的距离约为

280 份，它的一半，即 140 份，是彗星的轨道的纵标线[①]，这条纵标线在轨道的轴上割下的部分，差不多等于地球的轨道的半径，这就是 1000 份。所以，这条纵标线 140 的平方除以轴的片段 1000，我们得到通径[②]为 19.6，或者取整数，20 份；它的 $\frac{1}{4}$ ，即 5 份，是彗星 135
的轨道的顶点离太阳的中心的距离。在表 I 中，对应于 5 份距离的时间是 $27^{d}.16^{h}.7^{m}$。在这段时间，如果彗星在抛物线轨道上运动，它将自它的近日点被带到以 1000 份的半径画出的地球的轨道的球的表面；其运动在整个球中的进程用去两倍的时间，即 $55^{d}.8\frac{1}{4}{}^{h}$。事实正是如此。因为，从彗星进入地球的轨道的球的 11 月 10 日早上 6 时，到彗星离开同一个球的 1 月 4 日下午 10 时，时间是 $55^{d}.16^{h}$。小的差 $7\frac{3}{4}{}^{h}$在按这种粗略方式的计算中被略去，而且也许它起源于彗星的稍慢一些的运动，正如如果彗星在其上运动的真轨道是椭圆时所必需的。彗星进入和离开之间的中间时间是 12 月 8 日凌晨 2 时；所以，在这一时刻彗星应在其近日点。
正是在那一天，日出之前不久，哈雷博士（正如我们所说）看到彗尾 136
既短且宽，但非常明亮，自地平线垂直地升起。从彗尾的位置，无疑彗星那时已穿过黄道，并进入北纬，所以已过了它的近日点，近日点位于黄道的另一侧，尽管它尚没有与太阳相合，彗星在这一时刻位于其近日点的时间和与太阳相合的时间之间，必定在几小时之前在它的近日点；因为在离太阳如此近的距离，彗星必须以大的速度运动，并且每小时视在地画出约半度。

① 在坐标系中，纵标线和横标线分别相当于纵坐标和横坐标。

② 是过焦点且垂直于圆锥曲线的轴的弦。

(77) 由其他的例子显示彗星以多大的速度运动。

由类似的计算，我发现 1618 年的彗星在 12 月 7 日太阳快落下时进入地球的轨道的球；它与太阳在 11 月 9 日或 10 日相合，约 28 天的间隔，如前面的一颗彗星；因为这颗彗星的彗尾的大小等于前面一颗彗星的彗尾，可能这颗彗星类似地几乎接触太阳。那
137 一年看到了四颗彗星，这颗彗星是其中的最后一颗。第二颗彗星，它第一次出现在 10 月 31 日，在升起的太阳附近，不久就被淹没在太阳的光线中，我怀疑它与第四颗是同一颗。第四颗约于 11 月 9 日从太阳的光线中露出。对于这些彗星，我们可以加上 1607 年的彗星，它在 9 月 14 日，旧历，进入地球的轨道的球，约于 10 月 19 日，35 天的间隔，到达它离太阳距离的近日点。其近日距离在地球上所张的视角约为 23°，所以近日距离为 390 份。在表 I 中，34 天与这个份数对应。此外，1665 年的彗星约在 3 月 17 日进入地球的轨道的球，并约在 4 月 16 日，30 天的间隔，到达其近日点。其近日距离在地球上所张的角约为 7°，所以近日距离为 122 份；在表 I 中，我们发现 30 天对应于这个份数。再者，1682 年的彗星约在 8 月 11 日进入地球的轨道的球，并约在 9 月 16 日到达其近日点，那时离太阳约 350 份远，在表 I 中，$33\frac{1}{2}$ 天与它对应。最后，
138 约翰·米勒[①]的著名的彗星，它在 1472 年以每天画出 40 度这样

① 以他的拉丁名雷乔蒙塔努斯(*Regiomontanus*)著称。1472 年，在他的学生 B. 瓦尔特的帮助下做了一个月的彗星观测，非常精确。这颗彗星后来被证明是哈雷彗星。

快的速度进入我们的北半天球的拱极部分，在 1 月 21 日，大约它经过北天极附近的时间，进入地球的轨道的球，此后匆忙地趋向太阳，约在 2 月底被淹没在太阳的光线中；因此它可能在进入地球的轨道的球到其近日点之间用了 30 天，或更多的时间。这颗彗星并非以比其他彗星更快的速度运动，而由于它以近距离从地球经过时大的视速度。

(78) 确定彗星的轨道。

就目前能由粗略的计算所确定的而言，似乎彗星的速度正是抛物线或接近抛物线的椭圆应被画出的速度；所以彗星和太阳之间的距离被给定，彗星的速度近似地被给定。由此产生如下的问题。

问　　题 139

一颗彗星的速度和它离太阳的中心之间的关系被给定，需求彗星的轨道。

如果这一问题得以解决，我们最终就有了以极大的精确性确定彗星的轨道的方法；因为，如果那种关系被假定两次，由那种方法轨道被计算两次，由观察发现每条轨道的误差，由假位置的规则(the rule of false position)校正原来的假设，因此能发现与观测精确地相符的第三条轨道。依这种方法确定彗星的轨道，最终，我们得到关于这些天体经过的部分，它们所具有的速度，它们画出的轨道的种类，以及按照彗头离太阳的不同距离彗尾的真实大小的更精确的知识；此外，过了一定的时间以后，同一颗彗星是否回归， 140

以及它们完成每次运行的周期是什么。这个问题可以如此解决。首先，从三次或更多次观测，确定在给定的时间彗星的小时运动，然后从这一运动导出彗星的轨道。于是依赖一次观测，以及在这次观测时的小时运动确定的轨道，或者被证实，或者被证明不成立；因为由一小时或两小时的运动和一个错误的假设引出的结论不会与彗星自始至终的运动相符合。整个计算的方法如下。

141 作为问题解法前提的引理

引理 I

由第三条直线 RP 截两条位置给定的直线 OR，TP，使得 TRP 是一个直角；而且，如果向任意给定的点 S 引另一条直线 SP，由这条直线 SP 乘以终止于一个给定的点 O 的直线 OR 的平方得到的积，有给定的大小。

由作图是这样。设给定的积的大小为 $M^2 \cdot N$；自直线 OR 上的任意点 r 竖立垂线 rp 交 TP 于 p。然后穿过点 S 和 p 引直线 Sq 等于 $\frac{M^2N}{Or^2}$。按这种方式引三条或更多条直线 S_{2q}，S_{3q}，等等；
142 过所有的点 $q2q3q$，等等，画一条规则的曲线[①] $q2q3q$ 交直线 TP 于点 P，垂线 PR 落在这一点。**此即所作**[②]。

由三角学是这样。假设直线 TP 由前面的方法得到，在三角

① 即光滑曲线。

② Q. E. F. ＝Quad erat faciendum.

形 TPR，TPS 中的垂线 TR，SB 由此被给定；三角形 SBP 中的边 SP，以及误差 $\frac{M^2N}{Or^2}-SP$ 也被给定。设这个被表示成 D 的误差比被表示成 E 的

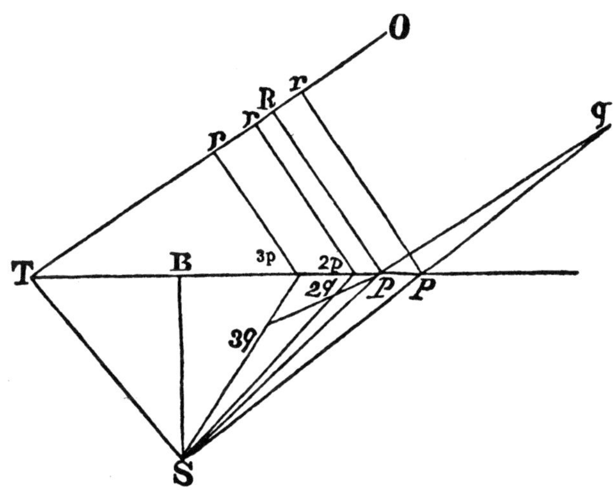

新的误差，如同误差 $2p2q\pm3p3q$ 比误差 $2p3q$；或者如同误差 $2p2q\pm D$ 比误差 $2pP$；在长度 TP 中加上，或者从长度 TP 中减去新的误差给出正确的长度 $TP\pm E$。对图的观察会显示我们应加 143
上或减去 E；如果在任何时候需进一步校正，可重复此运算。 87

由算术是这样。让我们假设事情已完成，并设 $TP+e$ 为由画图找出的直线 TP 的正确长度；由此直线 OR，BP 和 SP 的正确长度为 $OR-\frac{TR}{TP}e$，$BP+e$，和 $\sqrt{(SP^2+2BPe+ee)}$

$$=\frac{M^2N}{OR^2+\frac{2OR\cdot TR}{TP}e+\frac{TP^2}{TR^2}ee}$$

。因此，由收敛级数的方法，我们得到

$$SP+\frac{Bp}{SP}e+\frac{SB^2}{2SP^2}ee+\&c=\frac{M^2N}{OR^2}+\frac{2TR}{TP}\cdot\frac{M^2N}{OR^3}\cdot e+\frac{3TR^2}{TP^2}\cdot\frac{M^2N}{OR^4}ee+\&c$$

令给定的系数

$\frac{M^2N}{OR^2}-SP$，$\frac{2TR}{TP}\cdot\frac{M^2N}{OR^3}-\frac{BP}{SP}$，$\frac{3TR^2}{TP^2}\cdot\frac{M^2N}{OR^4}-\frac{SB^2}{2SP^3}$ 为 F，$\frac{F}{G}$，$\frac{F}{GH}$，并仔细观察符号，我们发现

$$F+\frac{F}{G}e+\frac{F}{GH}ee=0\text{，且 } e+\frac{ee}{H}=-G\text{。}$$

144 因此，忽略非常小的项 $\frac{e^2}{H}$，e 变成等于 $-$G。如果误差 $\frac{e^2}{H}$ 不能忽略，取 $-G-\frac{G^2}{H}=e$。

应观察到这里提示了解决更复杂类型的问题的一般方法，既由三角学，又由算术，而没有用那些复杂的计算和解法，目前为止它们被用于解含交叉项的方程（affected equation）。

引理 II

第四条直线截三条位置给定的直线，它通过在三条直线中任意一条上指定的一点，使得它被截成的部分彼此按照给定的比。

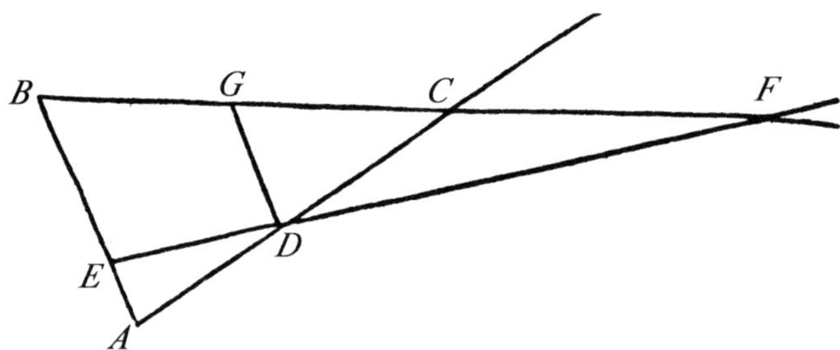

设 AB，AC，BC 为三条位置给定的直线，并假设 D 是在直线 AC 上的给定的点。平行于 AB 引 DG 交 BC 于 G；并按照给定的比取

145 GF 比 BG；引 FDE，则 FD 比 DE 如同 FG 比 BG。此即所作

由三角学是这样。在三角形 CGD 中，所有的角以及边 CD 被给定，由此找到其余的边；由给定的比，直线 GF 和 BE 也被给定。

引理 III

对任意给定的时间，求出并用作图表示彗星的小时运动。

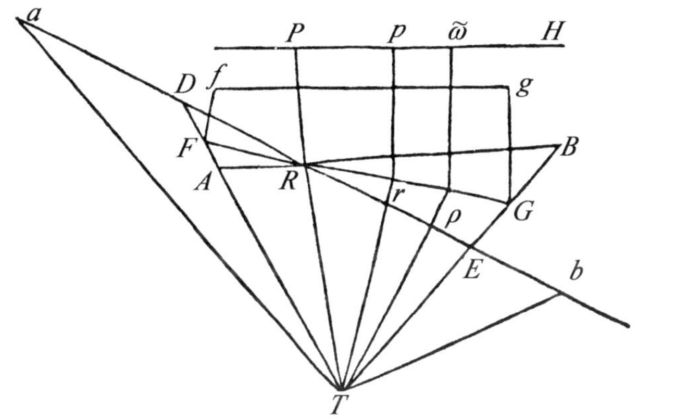

从最可信的观测中，设彗星的三个黄经被给定，假定 ATR，RTB 为它们的差，又设需求在中间一次观测 TR 时的小时运动。 146
由引理 II，引直线 ARB，使得其被截成的部分 AR，RB 如同观测之间的时间之比；如果我们又假设一个物体在整个观测的时间以相等的运动画出整条直线 AB，同时从位置 T 观察，那个物体在点 R 附近的视运动近似地如同在观测 TR 时彗星的视运动。

更精确的解

设给定的 Ta，Tb 为以大的距离一个在一边且另一个在另一

147 边的两黄经；又由引理 II 引直线 aRb，使得它被截成的部分 aR，Rb，如同观察 aTR，RTb 之间的时间。假设这条直线截直线 TA，TB 于 D 和 E；因为倾角 TRa 的误差几乎如同观测之间的时间的平方增加，引 FRG，使得或者角 DRF 比角 ARF，或者直线 DF 比直线 AF，如同观测 aTB 之间的整个时间比观测 ATB 之间的整个时间的二次比，并用如此发现的直线 FG 代替以上发现的直线 AB。

当角 ATR，RTB，aTA，BTb 不小于 $10°$ 或者 $15°$，对应的时间不大于八天或十二天，彗星以最大的速度运动时取黄经，是适宜的；因为这样做，观察的误差比黄经的差有一个较小的比。

引理 IV

求彗星在任意给定的时间的黄经。

在直线 FG 上取距离 Rr，$R\rho$ 与时间成比例，并引直线 Tr，$T\rho$ 即可。依据三角学的作法是显而易见的。

148

引理 V

求彗星的黄纬。

在作为半径的 TF，TR，TG 上以直角竖立观测到的黄纬的切线 Ff，RP，Gg；平行于 fg 引 PH，与 PH 相交的垂线 rp，$\rho\varpi$ 是对作为半径的 Tr 和 $T\rho$ 的所求黄纬的切线。

问题的解

问题 I

从假定的彗星的速度之比确定彗星的轨道。

设 S 表示太阳，t，T，τ 为地球在它的轨道上等距的三个位置，p，P，ϖ 是彗星在其轨道上的相同数目的对应地方，使得介于位置和位置之间的距离能符合一小时的彗星的运动；设 pr，PR，$\varpi\rho$ 垂直落在黄道的平面上，149

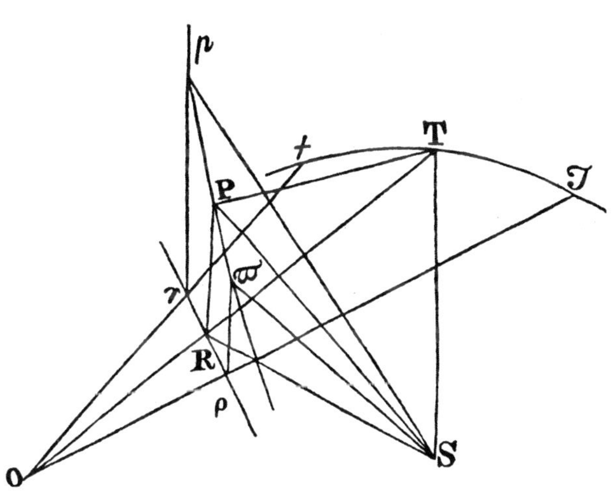

且 $rR\rho$ 是彗星的轨道在这个平面上的轨迹。联结 Sp，SP，$S\varpi$，SR，ST，tr，TR，$\tau\rho$，TP，并设 tr，$\tau\rho$ 交于 O，TR 差不多汇聚于同一点 O，或者误差不值得考虑。由作为前提的引理，角 rOR，$RO\rho$ 被给定，pr 比 tr，PR 比 TR，以及 $\varpi\rho$ 比 $\tau\rho$ 之比亦被给定。图形 $tT\tau O$ 在大小和位置上，连同距离 ST，角 STR，PTR，STP 也被给定。我们假设彗星在位置 P 的速度比一颗行星以相同的距离 SP 围绕太阳在圆上运行的速度，如同 V 比 1；我们必须画出线 $pP\varpi$，它满足条件：由彗星在两个小时画出的空间 $P\varpi$，比空间 $V\cdot t\tau$（这就是，与地球在相同的时间画出的空间乘以数 V 相比）如同地球离太阳的距离 ST 比彗星离太阳的距离 SP 的二分之一次比；而且，由彗星在第一个小时画出的空间 pP，比彗星在第二个小时画出的空间 $P\bar{\omega}$，如同彗星在
150 p 的速度比它在 P 的速度；这就是，如同距离 SP 比距离 Sp 的二分之一次比，或者按照 $2Sp$ 比 $SP+Sp$ 之比；因为在这整个工作中，我忽略了那些小的分数，它们产生的误差感觉不到。

首先，作为数学家，在含交叉项方程的求解中，第一步，通常由猜测得到一个根，因此，在这一解析运算中，我尽可能由猜测断定所求的距离 TR。然后，由引理 II，我引 rρ，先假设 rR 等于 $R\rho$，再次（在发现 SP 比 Sp 之比后）使 rR 比 $R\rho$ 如同 $2SP$ 比 $SP+Sp$，并且我发现线 $p\bar{\omega}$，$R\rho$ 和 OR 的彼此之比。设 M 比 $V\cdot t\tau$ 如同 OR 比 $p\bar{\omega}$，由于 $p\bar{\omega}$ 的平方比 $V\cdot t\tau$ 的平方如同 ST 比 SP，由相等（ex æquo），我们得到 OR^2 比 M^2 如同 ST 比 SP，所以，乘积 $OR^2\cdot SP$ 等于给定的积 $M^2\cdot ST$；因此（假设现在三角形 STD，PTR 被放在同一平面上）由引理 I，TR，TP，SP，PR 被给定。我做的一切，首先从粗略和仓促的方式由作图进行；然后很细心地做一张新
151 图；最后，用算术计算。以后，我以最大的精确性确定线 $r\rho$，$p\bar{\omega}$ 的位置，以及交点（node）和平面 $Sp\bar{\omega}$ 对黄道的平面的倾角；在那个平面 $Sp\bar{\omega}$ 上，我画出一个物体从位置 P 沿给定的直线 $p\bar{\omega}$ 的方向以比地球的速度如同 $p\bar{\omega}$ 比 $V\cdot t\tau$ 的一个速度离去时所在的轨道。

此即所作

问题 II

修正所假设的速度之比以及由此发现的彗星的轨道。

取彗星在大约快看不见时的一次观测，或与上面所用过的观测有很大距离的任何一次观测，寻求向彗星引的一条直线在那次观测中与平面 $Sp\tilde{\omega}$ 的交点，以及在这一观测的时间彗星在它的轨道上的位置。如果交点落在这个位置，这是轨道被正确地确定的一个证明；否则，假设一个新的数 V，并找到一条新的轨道，然而如前面一样，确定彗星在作为证据用的观测时间在这条轨道上的位置，然后把误差的变化和其他量的变化加以比较，由比例法（the 152
Rule of Three），其他的量应做多大程度的改变或修正，以使误差变得尽可能地小。用这些修正方法，只要作为计算基础的观测是精确的，并且我们对量 V 的假设没有犯错，我们可能得到精确的轨道；因为如果我们要做的话，重复运算直到轨道被充分精确地确定为止。**此即所作**

附录:牛顿的生平和著作年表*

1642 年

4 月　本书作者牛顿的父亲伊萨克·牛顿(Isaac Newton)和汉娜·艾斯库(Hannah Ayscough)结婚。

10 月　父亲伊萨克·牛顿(1606—1642)卒。

12 月 25 日　生于林肯郡(Lincolnshire)科尔斯特沃斯(Colsterworth)村附近的乌尔索普(Woolsthorpe)庄园。伊萨克·牛顿和汉娜·艾斯库之子。

——欧洲学界和社会大事记——

物理学家伽利略(Galilei Galieo,1564—1642)卒。其主要著作有《关于两大世界体系的对话》(*Dialogo sopra i due massimei sistemi del mondo*)(1632年)和《关于两门新科学的探讨和数学证明》(*Discorsi e dimostrazioni mathematiche intorno a due nuove scienze attenenti alla meccanica*)(1638 年)。

帕斯卡(Blaise Pascal)发明加法机——最早的一种能进行加、减法运算的计算机。

霍布斯(Thomas Hobbes)的《论公民》(*De Cive*)发表。

曾德昭(Alvarus de Semedo)的《大中国志》(*Imperio de la China*)在西

* 本表的日期均采用当时英国所用的历法,即旧历,从欧洲大陆发往英国的信除外。——译者

班牙马德里出版。

英国内战爆发,12 月 23 日国王的军队与议会的军队开始战斗。

1643 年　1 岁

1 月 1 日　接受洗礼。

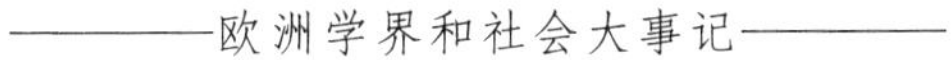

——欧洲学界和社会大事记——

卡瓦利里(Bonaventura Cavalieri)的《平面和球面,线性和对数的三角学》(*Trigonometria plana, et sphaerica, linearis, &logarithmica*)在波伦亚出版。

托里拆利(Paul Guldin, Evangelista Torricelli)用水银做大气压实验。

数学家古尔丁(Paul Guldin, 1577—1643)卒。

6 月,国王的军队在查尔格罗夫等地获胜。

9 月,第一次纽柏利战役。

1644 年　2 岁

——欧洲学界和社会大事记——

托里拆利的《几何学著作》(*Opera Geometrica*)出版。

弥尔顿(John Milton)的《论出版自由》(*Areopagitica*) 发表。

笛卡儿的(René Descartes)《哲学原理》(*Principia philosophiae*) 出版。

议会军将领克伦威尔(Olive Cromwell)大败国王的军队于马斯顿沼泽地区,使议会得以控制北部。以克伦威尔为首的独立派(主张各地教会自治,无需统一的国教者)自此逐渐得势。

1645 年　3 岁

——欧洲学界和社会大事记——

8 月　皮卡德(Jean Picard)神父和伽桑狄(Pierre Gassendi)观察日食。

霍布斯的《利维坦》(*Levithan*)发表。

皇家学会的前身“无形学院”举行第一次会议。

4月，议会决定改组军队，组成“新模范军”。菲尔法克斯(Lord Fairfax)为统帅，克伦威尔副之。

6月，克伦威尔大败国王的军队于内斯比，取得决定性胜利。

1646年　4岁

1月27日　牛顿的母亲再嫁于邻村北威萨姆(North Witham)的牧师巴纳巴斯·史密斯(Barnabus Smith)。

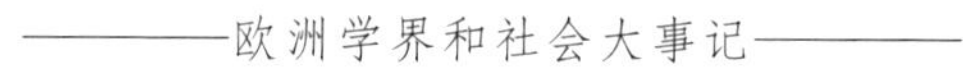
——欧洲学界和社会大事记——

韦达(Franciscus Vieta)的《数学著作》(*Francisci Vietae Opera Mathematica*)在荷兰莱顿出版。

维尔金斯(John Wilkins)的《数学的奥秘》(*Mathematical Magick*)在伦敦出版。

3月　国王的军队败于武尔德之斯托，国王查理一世(Charles I)逃往苏格兰。

10月　国会中的长老派向国王呈递纽卡斯尔条陈，企图与国王妥协，但被查理拒绝。

1647年　5岁

同母异父妹妹玛丽·史密斯(Mary Smith)出生。

——欧洲学界和社会大事记——

卡瓦利里的《六道几何学练习》(*Exercitationes Geomrtricae Sex*)在波伦亚出版。

圣文森特的格雷戈里(Gregory of St. Vincet)的《几何学著作》(*Opus Geometricum*)出版。

赫维留(Johann Hevelius)的《月学》(*Selenographia*)出版。

数学家卡瓦利里(1598—1647)卒。

物理学家托里拆利(1608—1647)卒。

英格兰议会以40万英镑从苏格兰购回国王，继续寻求与其妥协，并企图解散军队。议会中长老派与军队发生矛盾。

6月4日　军队劫走国王。

11月　国王脱逃到怀特岛，被要塞总督扣留。

12月26日　国王与苏格兰议会订立密约，苏格兰议会允以武装协助。

1648年　6岁

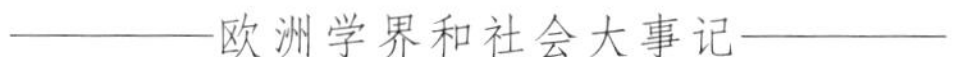

帕斯卡的《关于液体平衡的重要实验》(*Récit de la grande expérimence de la l'equilibre des liqueurs*)发表。内容是对大气压的研究。

数学家梅森(Marin Mersenne，1588—1648)卒。他的通信和研究推动了数论的发展。

3月　议会军中将校在温德索举行会议，决定审判国王。议会中长老派仍企图与国王妥协。

8月　苏格兰军队进攻英格兰，被克伦威尔击败。

12月　军队再次逮捕国王，并驱逐议会中长老派分子九十六人。

1649年　7岁

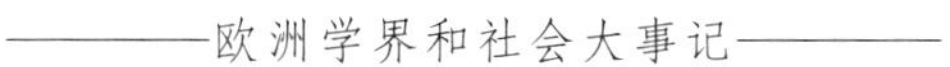

范·舒滕(Franciscus van Schooten)译注的笛卡儿的《几何学》(*La Géométrie*)的拉丁文本出版。

萨拉沙(Alfons A de Sarasa)的《关于梅森命题的问题的解》(*Solutio Problematis a Mersenno Propisiti*)出版。

帕斯卡获得制造计算机的专利。

1月　审讯国王查理一世(1600—1649，1625—1649在位)，30日他被处以死刑。

2月　宣布废除国王和上议院，并由四十一人组成国务会议处理国事。

5月19日　宣布英格兰为共和国。

苏格兰和爱尔兰拥立查理二世(Charles II)。

8月　克伦威尔猛攻德罗海达,杀戮甚众,使爱尔兰臣服。

1650年　8岁

同母异父弟弟本杰明·史密斯(Benjamin Smith)出生。

——欧洲学界和社会大事记——

法国哲学家、数学家笛卡儿(1596—1650)卒。

2月　查理二世在苏格兰称王。

6月　英军在邓巴战役中大败苏格兰人。查理二世逃往法国。

1651年　9岁

制造日晷。现存科尔斯特沃斯教堂的日晷,据说为牛顿所造。

——欧洲学界和社会大事记——

利奇奥里(Giovanni Battista Riccioli)的《新至大论》(*Almagestum Novum*)出版。

英国国会通过第一个航海法案。

1652年　10岁

——欧洲学界和社会大事记——

奥特雷德(William Oughtred)的《数学之钥》(*Clavis Mathematicae*)的拉丁文第三版出版。

阿什莫尔(Elis Ashmole)编的《不列颠化学舞台》(*Theatrum Chemicum Britannicum*)出版。

英军在伍斯特战役中再败苏格兰人。

由于航海法案的公布,引发了英国与荷兰的战争。

1653 年 11 岁

8 月 继父史密斯(1582—1653)卒。母亲带着他的三个异父弟妹(一弟、二妹)回到乌尔索普庄园。由于史密斯不愿与牛顿生活在一起,牛顿对他非常愤恨。

——欧洲学界和社会大事记——

卡瓦利里的《用新法推进连续的不可分量的几何学》(*Geomrtrica indivisibilibus continuoum nova quadam ratione promota*)第二版出版。

4 月 20 日 克伦威尔解散国会。

7 月 克伦威尔召集有一百四十人的“小国会”。

12 月 26 日 克伦威尔自称为英格兰,苏格兰和爱尔兰的护国公。

1654 年 12 岁

——欧洲学界和社会大事记——

帕斯卡的《论算术三角形》(*Traité du triangle arithmétique*) 出版。

惠更斯(Christiaan Huygens)的《圆的长度的发现》(*De Circuli Magnitudine Inventa*)出版。

盖吕克(Otto von Guericker)在马格德堡进行半球实验。

卫匡国(M. Martini)的《鞑靼战记》 (*De bello tartarico in historia*)在安特卫普出版。

4 月 与荷兰订立和约,自此英国海权蒸蒸日上。

9 月 新国会召开,与克伦威尔发生矛盾,他将十名议员逐出国会。

1655 年 13 岁

进入格兰瑟姆语法学校(the Free Grammar School of King

Edward VI of Grantham)读书，寄宿在药剂师克拉克(Clark)家。由于学习成绩差(倒数第二)，被一个同学(可能是斯托勒(Arthur Storer))在肚子上踢了一脚。放学后，牛顿约这个同学打架，并取得胜利。这件事深深地刺激了牛顿(他晚年还记得此事)，他把注意力集中在学习上，很快成了班上的第一名。

牛顿最早的笔记始于是年。

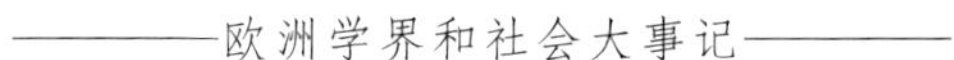

沃利斯(John Wallis)的《无穷的算术》(*Arithhmetica Infinitorum*)及《论圆锥截线》(*De Sectionibus Conicis*)出版。

巴罗(Isaac Barrow)的《欧几里得几何原本十五卷》(*Euclidis Elementorum Libri XV*)出版。

惠更斯用他改进的望远镜发现土星的卫星土卫六泰坦(Titan，亦称惠更斯卫星)及土星环。

霍布斯的《论物体》(*De Corpore*)出版。

伽桑狄(1592—1655)卒。

1月　国会通过法案，规定护国公应由选举产生，不得世袭。这激怒了克伦威尔，22日他下令解散国会。克伦威尔将全国划分为二十二个军区。

1656年　14岁

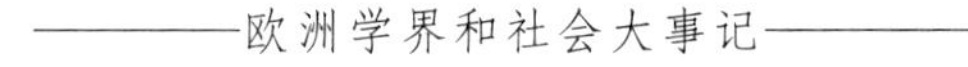

惠更斯首先用单摆调节钟表的运动，并用改进的望远镜识别出猎户座星云的组成。

约翰·牛顿(John Newton)的《不列颠天文学》(*Astronomia Britannica*)出版。

第三届国会召开。

1657 年　15 岁

——欧洲学界和社会大事记——

佛罗伦萨的实验学院(l'Accademia del Cimenton)成立,并得到利奥波尔德亲王(Leopold de Medici)的支持。

惠更斯在阿姆斯特丹获得钟表的专利权。

奥特雷德的《三角学》(*Trigonometria*)在伦敦出版。

范·舒滕的《数学练习五卷》(*Exercitationum Mathematicarum Libri Quinque*)出版。其附录包含惠更斯关于概率论的论文《掷骰的计算》(*De Ratiociniis in Ludo Aleae*)。牛顿称此书为《杂录》。

笛卡儿的《书信集》(*Lettres de M. Descartes*)出版,共三卷,至 1667 年出齐。

医生哈维(William Harvey,1578—1657)卒。他的名著《关于动物的心脏和血液的实验》(*Exercitio de Cordis et Sanguinis in Animalibus*)于 1628 年出版。

英海军在巴西东海岸圣克卢斯海面战胜西班牙海军。

1658 年　16 岁

9 月 3 日(克伦威尔逝世的当天)一场风暴席卷英格兰。牛顿做了他一生的第一个实验:测量风的力量。他先顺风跳,然后在逆风跳。并将记录下来的结果与无风的日子里跳跃的结果相比较。

沃利斯的《通信集》(*Commercium Epistolicum*)出版。其中包含他与费尔马(Pierre de Fermat)等数学家的通信。

霍布斯的《论人》(*De Homine*)出版。

伽桑迪的《全集》(*Opera omina*,共六卷,至 1675 年出齐)出版。

帕斯卡完成论文《摆线论》(*Historie de la Roulette*)。

克伦威尔(1599—1658)卒,子理查(Richard Cromwell)继承护国公。

1659年　17岁

购买奥维得(Ovid)的《变形记》(*Metamorphoses*),斯特凡努斯(Stephanus)出的《品达罗斯》(*Pindar*)。

下半年,被母亲从学校召回家中,学习管理庄园。

欧洲学界和社会大事记

沃利斯的《两篇论文》(*Tractatus Duo*)发表。文中主要讨论旋轮线和蔓叶线,包括克里斯托夫·雷恩爵士(Sir Christopher Wren)对旋轮线长度的计算。

帕斯卡完成论文《论圆的四分之一的正弦》(*Traité des sinus du quart de cercle*)。

帕斯卡的《德东维尔的信》(*Letters de A. Dettonville...*)出版,内容是求曲边形的面积。

惠更斯的《土星系》(*Systema Saturnium*)出版。

维特(John de Witt)的《曲线初步》(*Elementa Curvarum*)出版。

莫尔(Henry More)的《灵魂不灭》(*The Immoratality of the Soul*)出版。

威尔金斯(John Wilkins)任剑桥大学三一学院(Trinity Collage of the University of Cambridge)院长。

5月　理查被迫辞职。国会复会。

10月　国会被军队解散。

12月　国会再次复会。

1660年　18岁

秋　在家中九个月后返回格兰瑟姆语法学校,寄宿在校长斯托克斯(Henry Stokes)家。

———欧洲学界和社会大事记———

波义耳(Robert Boyle)的《关于空气弹性的新的物理—力学实验》(*New Experiments Physico-Mechanical touching the Spiring of the Air and its Effects*)在牛津出版。

数学家范·舒滕(1615—1660)卒。

数学家奥特雷德(1575—1660)卒。

1月　查理二世复辟。

5月25日　查理二世返回英国。

1661年　19岁

6月　月初 动身往剑桥,4日抵剑桥。5日在三一学院报到,导师为普利恩(Benjamin Pulleyn)。

7月8日　参加剑桥大学的入学宣誓,并交费。牛顿的身份是减费生(subsizar),因此他要为学校提供必要的服务。

大约是年,写信给一位因饮酒过多而生病的朋友,建议他戒酒以恢复健康。牛顿又把这封信用他自己设计的一套字母表写出。在1661年前后,牛顿对语音学很有兴趣,他的手稿中有一篇未完成的论文《论一种通用语言》(*Of an Universall Language*)。

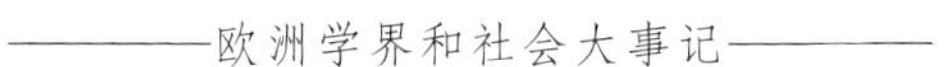

波义耳的《怀疑的化学家》(*The Sceptical Chymist*)出版。

伽利略的《关于托勒密和哥白尼的两大世界体系的对话》的英译本出版。译者为萨洛斯伯利(T. Salusbury)。

新议会召开,并恢复英格兰国教的地位。

1662年　20岁

列出(用速写)1662年降灵节之前的过失49项,之后的过失9

项。其过失如“一心想钱,关注快乐甚于关心上帝”。

——————欧洲学界和社会大事记——————

7月　奥登堡(Henry Oldenburg)致信斯宾诺莎(Benedictus de Spinoza),说他当首任秘书的皇家学会已领到特许状。

7月15日　伦敦皇家学会成立,布龙克尔勋爵(Lord Brouncker)任会长。胡克(Robert Hooke)被任命为干事。

波义耳的《关于空气弹性的新的物理—力学实验》第二版出版,其中包含波义耳定律。

格兰特(John Graunt)的《关于死亡表的新的自然和政治考察》(*Natural and Political Observations... made upon the Bills of Mortality*)出版。

数学家帕斯卡(1623—1662)卒。

英国以40万镑将敦刻尔克售与法国。

1663年　21岁

不堪同室同学的打扰,与新入学的威金斯(John Wickins)同住一室。

大约同一年,考察占星术。

——————欧洲学界和社会大事记——————

剑桥大学设立卢卡斯数学讲座教授(Lucasian Professor of Mathematics)职位。这是自英王亨利八世(Henry VIII)于1540年在剑桥大学设立五个钦命讲座教授席位以来,设立的第一个与科学有关的教职。巴罗首任此职。

5月　皇家学会领到第二个特许状,允许扩大学会的特权。

詹姆斯·格雷戈里(James Gregory)的《推进光学》(*Optica Promota*)出版,书中提出了反射望远镜的设想。

1664年　22岁

1月　得出向心力的计算公式。

4月28日　被选为学者(scholar)。从此,他不再是减费生,并享受学校津贴。

6月　约在此时,阅读笛卡儿的《几何学》及奥特雷德《数学之钥》,并做了注记。

12月　圣诞节前不久,购买笛卡儿的《几何学》,并借了沃利斯的数学著作。

1664—1665年冬季　从沃利斯的《无穷的算术》中推导出他的二项式定理。对天空出现的彗星做了观察,并记在笔记中。还观察了月晕。

——欧洲学界和社会大事记——

3月14日　卢卡斯数学教授巴罗开始他的讲座。

波义耳的《有关颜色的实验和思考》(*Experiments and Considerations Touching Color*)出版。

皇家学会的刊物《伦敦皇家学会哲学汇刊》(*Philosophical Transactions of the Royal Society of London*)在伦敦创刊,并于1665出版。

伦敦大疫(鼠疫),死亡六万八千人。

英国占领荷兰在北美洲的殖民地新阿姆斯特丹(改称纽约)。

查理二世颁布集会法案,禁止人民五人以上集会。

1665年　23岁

1月　获文学士学位(Bachelor of Arts)。

2月20日　开始研究曲率。

3月20日　在到剑桥的旅途中花费6先令6便士。

5月　写作第一篇关于流数的论文。

5月6日　母亲来信，说她已收到牛顿的信，并得悉牛顿已收到她寄去的信和衣服。

5月23日　收到10英镑。

5月28日　付给导师普利恩教授5英镑8先令指导费。

8月7日　三一学院关闭，在此前离开剑桥，回到乌尔索普。

11月　研究微分。

约于是年，用级数法求一些数的对数到五十五位。

1664—1665年在历史上被称为牛顿的奇迹之年(anni mirabiles)，牛顿在这段时间进行了他在数学、物理学和天文学上的伟大创造。

胡克的《显微学》(*Micrographia*)出版。

格里马耳迪(Francesco Maria Grimaldi，1618—1663)的遗著《发光，颜色和彩虹的物理—数学理论》(*Physicco-Mathesis de lumine，coloribus，et iride*)出版。

卡西尼在1664—1665年测定了木星和火星的自转周期。

帕蒂(Pierre Petit)发表关于彗星特性的论文。他推测1664年出现的彗星很可能与1618年出现的是同一颗。

数学家费尔马(1601—1665)卒。

《博学者杂志》(*Le Journal des sçavans*)在巴黎创刊。

2月　英国与荷兰之间爆发战争。

1666年　24岁

1月　进行三棱镜实验，发现颜色现象。

3 月 20 日　返回学校。

5 月　研究积分法(逆流数法)。14 日和 16 日,分别写了一篇论文。16 日的论文断言:

“为了通过运动解决问题,如下的 6 个命题既充分又必要。”

6 月 22 日　因鼠疫离开剑桥,可能又回到乌尔索普。

6 月 22 日　妹妹玛丽嫁给皮尔金顿(Pilkington)。

10 月　完成一篇论文。该文现称《1666 年 10 月的流数论文》(*The October* 1666 *tract of fulxions*),是历史上第一篇系统的微积分文献。

是年,开始考虑重力延伸到月球轨道的问题。他发现:维持行星绕其轨道的力,一定与它到其运行中心的距离的平方成反比。

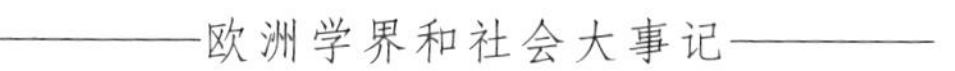

欧洲学界和社会大事记

剑桥大学设立亚当斯阿拉伯语讲座教授职位(Adams Professorship of Arabic)。

法国科学院建立。

莱布尼茨(Gottfried Wilhelm Leibniz)完成论文《论组合方法》(*De arte combinatorica*)。

波雷里(Giovanni Alfonso Borelli)的《行星理论》(*Theoriae Planentarum*)发表。他认为土星的轨道由向心力和土星拉动之间的平衡确定。

马里奥特(Edmé Mariotte)向法国科学院报告他发现了眼睛的盲点。

9 月 1 日　伦敦大火,燃烧十日才被扑灭。

1667 年　25 岁

4 月　下旬,又回到三一学院。

4 月 22 日　收到 10 英镑。

9月　最后一周，接受对研究员候选人的考核。

10月1日　当选为三一学院初级研究员(minor fellow)。2日，宣誓就职。从此，他享有学校的津贴和分红。为当选研究员购买衣服和工具。

12月4日　回乌尔索普过圣诞节。为妹妹买橘子花费4先令6便士。

购买并阅读《哲学汇刊》和斯普拉特(Thomas Sprat)的《伦敦皇家学会史》(*History of the Royal Society of London*)(1667年出版)。

牛顿的账目表明，他打牌输了两次，共15先令。他以后似乎再没有赌过钱。

当荷兰舰队侵入泰晤士河时，牛顿根据炮声判断荷兰人打胜了。

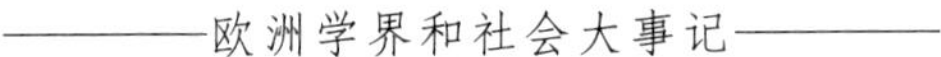

欧洲学界和社会大事记

詹姆斯·格雷戈里《论圆和双曲线的求积》(*Vera circuli et hyperbolae quadratura*)出版。

佛罗伦萨实验学院的《实验学院自然实验文集》(*Saggi di naturali esperienze fatte nel l'Academie del Cimento*)出版。该书最重要的部分是关于温度和大气压的测量。其英译本于1684年出版。实验学院于是年解散。

数学家圣文森特的格雷戈里(1584—1667)卒。

弥尔顿的《失乐园》(*Paradise Lost*)出版。

1668年　26岁

3月12日　返回剑桥。

3月16日　任三一学院高级研究员(major fellow)。

4月1日　剑桥大学评议会同意授予牛顿等148人硕士学位(master of arts)。

7月　得到硕士学位。

8月　月初,第一次到伦敦,购买用于化学实验的药品、仪器和书籍。从伦敦回乌尔索普。

9月28日　返回剑桥。

是年 购买三个三棱镜进行光学实验。制成第一架反射望远镜。大约此时完成论文《论重力和液体的平衡》(*De gravitatione et quipondio fluidorum*)。

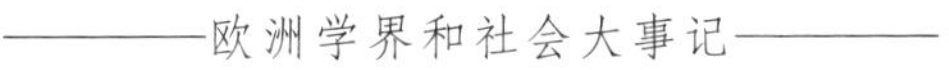
——欧洲学界和社会大事记——

多米尼克·卡西尼画出木星卫星的运动图表。

皇家学会要求会员研究碰撞问题以弥补动力学原理的不足。沃利斯、克里斯托夫·雷恩爵士和惠更斯在年底之前分别把他们的结果以论文的形式寄到皇家学会。

9月　麦卡托(Nicolaus Mercator)的《对数技术》(*Logarithmotechnia*)出版。

詹姆斯·格雷戈里的《几何的通用部分》(*Geomrtricae Pars Universalis*)出版。

佩尔(John Pell)的《代数学》(*Algebra*)出版。

赫维留的《彗星学》(*Cometographia*)出版。

英国、荷兰、瑞典三国结盟,共同对抗法王路易十四(Louis XIV)。

1669年　27岁

年初　科林斯(John Collins)将麦卡托的《对数技术》寄给巴

罗。巴罗把该书送给牛顿阅读。

2月23日　在写给一位朋友的信中，描述了他所制的反射望远镜，并提到光的颜色理论。

4月2日　接受第一个学生斯克洛普(St. Leger Scroope)。

5月18日　致信阿斯顿(France Aston)(未寄出)，对他的旅行提出建议，并请他查询有关炼金术之事。

7月　由于麦卡托的书，写成论文《论运用无穷多项方程的分析》(*De Analysis per Aequationes Numero Terminorum Infinitas*)。文中导出了 $\sin x$，$\cos x$，$\arcsin x$ 和 e^x 的级数展式。

10月29日　当选为卢卡斯数学讲座教授。按规定，卢卡斯数学讲座教授应在每年的三个学期的每周宣读并阐释“部分几何学、天文学、地理学、光学、静力学，或是其他某些数学原理”。牛顿的讲课不受欢迎，听他的课的人很少，能听懂的更少。

11月25日　离开剑桥去伦敦。在伦敦期间会见科林斯(11月27日或12月4日)，向他谈到自己的望远镜。科林斯向牛顿请教如何求调和级数的和。

12月8日　返校。

秋　巴罗建议牛顿修订并注释欣克海森(Gérard Kinckhuysen)的《代数学》(*Algebra ofte stelkonst*)(此书刚由麦卡托从荷兰文译为拉丁文)。

大约从是年开始，涉足炼金术，大量阅读炼金术文献。

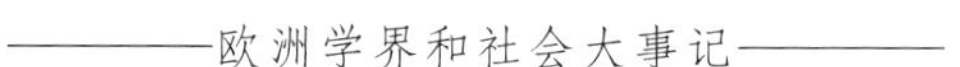

欧洲学界和社会大事记

7月20日　巴罗致信科林斯，说牛顿给他的论文《论分析》(*De Analy-*

sis,《论运用无穷多项方程的分析》的简称)用了与麦卡托类似的方法,但更普遍。

7 月 31 日　巴罗致信科林斯,请科林斯在收到他寄去的牛顿的论文《论分析》以后告诉他,并在阅读后归还。

8 月 20 日　巴罗致信科林斯,说论文《论分析》的作者是他的同事牛顿,虽年轻,但在数学上很有才能。

11 月 20 日　科林斯致信詹姆斯·格雷戈里,说牛顿在麦卡托之前已发现了与麦卡托的方法类似但能用于所有曲线的方法。

惠更斯将他的离心力公式(以字谜的形式)写信告诉奥登堡。

巴罗的《光学和几何学讲义》(*Lectiones Opticae et Geometricae*)出版。

沃利斯的《力学,或关于运动的几何理论》(*Mechanica sive de Motu Tractatus Geometricus*)开始出版,到 1671 年出齐。

温(Vincent Wing)的《不列颠天文学》(*Astronomia Britannica*)在伦敦出版。

法布利(Honoré Fabri)的《反对格里马耳迪关于光和颜色的物理对话》(*Dialogi Physici contra Grimaldum de Luce et Coloribus*)出版。

哥本哈根的巴托利努斯(Erasmus Bartholinus)第一次在冰洲石上观察到双折射现象。

5 月　王子梅迪奇(Cosimo de'Medici)访问剑桥。

1670 年　28 岁

1 月　致信科林斯,说已收到他寄来(通过巴罗)的《力学》(沃利斯著),给欣克海森的《代数学》已经做了一些注记。信中给出了两种求调和级数的和的方法,还讨论了用表解方程的问题。

1 月　开始讲课,内容为光学。但牛顿每年只上一学期课,而不是要求的三学期。

2 月 6 日　致信科林斯,认为不值得为欣克海森的《代数学》做详细的注记。

2月18日　致信科林斯，允许发表他寄去的求年金的公式，但要求不署自己的名字。

7月11日　致信科林斯。他已把读欣克海森《代数学》时所写的评注（*Observations on Kinckhuysen*）寄给科林斯，但要求此书出版时不要出现自己的名字。

7月16日　科林斯来信，对牛顿不在书上署名表示不解，同时希望他修正欣克海森书中的三次方程的解法。

7月19日　科林斯来信，通报了一些学者对方程的研究。

9月27日　致信科林斯，讨论三次方程的解法。

1670—1671年的冬季　撰写论文《流数法和无穷级数》（*Methodus Fluxionum et Serierum Infinitaum*），在论文中，牛顿注意了他的流数法的基础。

完成《光学讲义》（*Lectiones Opticae*）。其中集中讨论了棱镜现象，并包含对牛顿环的考察。该书于1729年出版。

欧洲学界和社会大事记

3月24日　科林斯致信詹姆斯·格雷戈里，信中包含牛顿对达瑞（Michael Dary）所提问题的解答：用级数求给定圆中一平行于直径的弦与直径所围的面积。

12月24日　科林斯致信詹姆斯·格雷戈里，信中生动地描述了他与牛顿在伦敦的第一次会面。信中包含牛顿求出的正弦级数、余弦级数和反正弦级数。

巴罗的《几何学讲义》（*Lectiones Geometricae*）出版。巴罗和科林斯想将《论分析》作为该书的附录发表，但牛顿不同意。

费尔马的《全集》（*Œeuvres*）开始出版，到1679年出齐。

雷（John Ray）的《英国植物名录》（*Catalogus Plantarum Angliae*）出版。

斯宾诺莎的《神学政治论》(*Tractatus Theologico-Politicus*)匿名出版。

帕斯卡的遗著《沉思录》(*Pensées*) 出版。

德比利(Jacques de Billy) 的《丢番图〈算术〉增订》(*Diophantus Redivivus*)出版。

查理二世与法王路易十四签订密约。

查理二世第二次颁布集会法案。

奥伦治亲王(William of Orange),未来的威廉三世(William III)访问剑桥。

1671 年　29 岁

4 月 17 日　离开剑桥。

5 月 11 日　返校。

7 月 5 日　科林斯来信,说詹姆斯·格雷戈里发现了一些级数,但听到牛顿优先发现以后就转入别的研究。还谈到出版欣克海森书的打算。(但牛顿增订的欣克海森的《代数学》从未出版。)

7 月 11 日　致信科林斯,说他本想访问科林斯,但因病未能成行。现在他开始重新整理他的无穷级数理论。在信中,牛顿又给出了一种计算调和级数的方法。

开始在秋季学期开课,直到 1687 年。

完成论文《流数法和无穷级数》(*De Methodis fluxionum et serierum*)。该文的英译本于 1736 年出版。

大约于是年完成《解析几何》一书,该书于 1736 年出版。

《哲学汇刊》上宣布牛顿制成两架反射望远镜。

12 月 21 日　牛顿被索尔兹伯里主教沃德(Seth Ward)推举为皇家学会会员的候选人。

年底，巴罗将牛顿制的一架反射望远镜送给皇家学会。

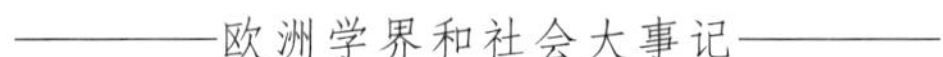
——欧洲学界和社会大事记——

1月21日　科林斯致信詹姆斯·格雷戈里，说牛顿告诉他，在麦卡托发表他的方法之前两年，牛顿就发现了一般的方法，并告诉了巴罗博士。

12月17日　德·斯吕塞(René de Sluse)致信奥登堡，表示他希望近期发表他的作曲线切线的文章。他的《对所有几何曲线作切线的方法》(*Method of drawing Tangents to all Geometric Curves*)发表在次年的《哲学汇刊》上。

多米尼克·卡西尼发现土星的卫星雅帕(Iapetus)。

里奇(Jean Richer)前往法属圭那亚的卡宴，主要目的是测量地球和火星之间的距离。

莫尔的《形而上学手册》(*Enchiridion Metaphysicum*)出版。

弥尔顿的诗《复乐园》(*Paradise Regained*)和《力士参孙》(*Samson Agonister*)出版。

天文学家利奇奥里(1598—1671)卒。

查理二世访问剑桥大学。

1672年　30岁

1月2日　奥登堡来信，称赞他的望远镜。并告诉他，皇家学会将保护他的发明权，及他被推选为学会的候选人。

1月6日　致信奥登堡，对将要寄给惠更斯的反射望远镜的说明，加了一个注记。

1月11日　当选为皇家学会会员。

1月18日　致信奥登堡，首先说明了制造望远镜镜头所用的合金，然后，他建议报告他的光学发现，正是这一发现使促他造出了反射望远镜。他在信中写道："我期待在您的下一封信中，您会告诉我何时学会有时间在周会上考虑和审查导致我造出以上所说望远镜的哲学发现,我毫不怀疑它比讨论那件仪器重要得多,这将会得到证明,依我的判断,如果它不是迄今对大自然的运作所做出的最重要的发现,也是最奇妙的发现。”

1月29日　致信奥登堡,说明制造望远镜镜头所用的合金的比例。

2月6日　致信奥登堡,信中用十三个命题和一个实验解释了他的光的颜色理论。

2月8日　牛顿2月6日致奥登堡的信在皇家学会的会议上宣读,受到称赞。奥登堡致信牛顿,要求发表该信。

2月10日　致信奥登堡,对受到称赞,表示感谢,并同意发表他2月6日的信。

2月15日　胡克在皇家学会会议上宣读他的批评牛顿光的颜色理论的报告。

2月19日　牛顿2月6日致奥登堡的信发表在《哲学汇刊》上。下一期的《哲学汇刊》还刊登了对牛顿的反射望远镜的说明。

2月20日　致信奥登堡,说已收到胡克对他的光的颜色理论的批评的副本,但认为胡克的批评并未削弱自己的理论。

3月11日　奥登堡给惠更斯寄去刊有牛顿光的颜色理论的《哲学汇刊》。

3月16日　致信奥登堡,感谢他寄来的书并说明他的望远镜有时成像不清晰的原因。

3月19日　致信奥登堡,进一步说明他的望远镜有时成像不清晰的原因。对胡克批评的答复尚未准备好。

3 月 26 日　致信奥登堡，说明如何制造反射望远镜。

3 月 26 日　致信奥登堡，说明对反射望远镜的改进。

4 月 9 日　奥登堡来信，转寄来帕尔迪斯（Ignace Gaston Pardies）对牛顿的判决性实验（experimentum crucis）的质疑，并转述惠更斯对牛顿的称赞。

4 月 13 日　致信奥登堡，对罗伯特·莫兰爵士（Sir Robert Moray）提议的关于光的四个实验提出建议。该信连同莫兰的提议发表在《哲学汇刊》上。

4 月 13 日致信奥登堡。这封用拉丁文写的信是对帕尔迪斯质疑的答复。该信（稍有改动）发表在《哲学汇刊》上。

4 月 30 日　科林斯来信，表示愿意在伦敦出版牛顿的著作。他从巴罗处得知牛顿在忙于扩充他的关于无穷级数以及求面积的一般方法；并正整理二十个光学讲座的内容，准备出版。

5 月 2 日　奥登堡来信，提到其他人（詹姆斯·格雷戈里，卡塞格林（Guillaume Cassiegrain））设计的反射望远镜，并建议牛顿在回答胡克和帕尔迪斯的反对意见时，要对事不对人，不提他们的名字。

5 月 4 日　致信奥登堡，说明自己设计的反射望远镜的优点，并与詹姆斯·格雷戈里和卡塞格林的设计做了比较。该信在 5 月 8 日的皇家学会会议上宣读，并发表在《哲学汇刊》上。

5 月 21 日　致信奥登堡，同意回答胡克和帕尔迪斯对他的光的颜色理论的反对意见时，不提他们的名字。他打算只寄出所作回答的一部分。

5 月 25 日　致信科林斯，对他打算出版自己的光学讲义表示感谢,但目前对讲义已另有安排。并表示由于加入学会,受到了打扰。

6月10日　致信奥登堡,这是对帕尔迪斯5月1日给奥登堡的信的回答。该信发表在《哲学汇刊》上。

6月11日　致信奥登堡,这是对胡克关于他的光的折射和颜色理论的反对意见的比较详细的回答,分理论和实践两部分。7月12日,该信的一部分在皇家学会会议上宣读。此信稍加删节后以《伊萨克·牛顿先生对关于他的光和颜色学说的一些意见的回答》(*Answer to some Considerations upon his Doctrine of Light and Colours*)为题,发表在《哲学汇刊》上。

6月18日　离开剑桥,回乌尔索普。

6月19日　从乌尔索普致信奥登堡,请他在光的理论被更全面地考虑之前,不要再刊登这方面的文章。

6月25日　奥登堡来信。

7月2日　在7月1日收到惠更斯的来信之后,奥登堡致信牛顿,转告惠更斯对他的望远镜及光和颜色理论的评价。

7月6日　致信奥登堡,回答他所提出的折射问题,并说"研究事物的恰当方法,是从实验中推导出其性质。"牛顿把自己的理论归结为能用实验回答的八个疑问(queries)。该信的主要部分:探索事物性质的方法及八个疑问,刊登在《哲学汇刊》上。

7月8日　致信奥登堡,说他尚不能定量解释色像差(chromatic aberration)问题。

7月13日　致信科林斯,说他尚未完成关于无穷级数的那篇文章,商讨如何出版欣克海森的《代数学》。此外,还回答了詹姆斯·

格雷戈里所提出的数学问题。

7月13日　致信奥登堡，对他接受自己所作的（对胡克的）回答表示高兴，并同意发表。还询问考克(Christopher Cock)为皇家学会制造反射望远镜的情况，特别是他所用的镜头合金，以及英国与荷兰战争的情况。

7月16日　奥登堡来信，说明考克为皇家学会制造反射望远镜所用的镜头合金。

7月19日　返校。

7月30日　致信奥登堡，对他寄来的合金表明自己的看法。

7月30日　致信科林斯，商讨如何出版欣克海森的《代数学》。并表示如果詹姆斯·格雷戈里期待他的答案，他可以做出后寄给科林斯。

7月30日　科林斯来信，商讨如何出版欣克海森的《代数学》，并要求牛顿传授解方程的方法。

8月1日　科林斯来信，表示他愿意承担出版欣克海森的《代数学》的事宜，他以为牛顿会把他的无穷级数理论与《代数学》一起出版。

8月20日　致信科林斯，描述用冈特(Gunter)线解三次方程的方法，及已知五点描绘圆锥截线的仪器。

秋季　完成关于光学的讲课。

9月21日　致信奥登堡，说他打算把他的颜色理论通过一系列实验化为命题的形式，用建立定义和公理的形式，每个命题由一个或几个实验证明。由于他目前正忙于其他的事，这一工作尚未完成。

9月24日　奥登堡来信,告诉牛顿外国人对他的望远镜的关注,并推荐一个熟悉化学的人到剑桥工作。在信的附言中有惠更斯对牛顿的颜色理论的看法。

12月10日　致信科林斯,向科林斯介绍自己的曲线切线的作法,而德·斯鲁斯的作曲线切线的方法是它的特例。此外,还讨论了詹姆斯·格雷戈里所设计的望远镜。

把德国地理学家瓦伦(Bernhard Varenius)的《普通地理学》(*Geographia Genegalis*)(该书1650年首次在荷兰出版)订正出版,供在剑桥大学听他的课的学生使用。

是年前后,开始广泛的神学研究。

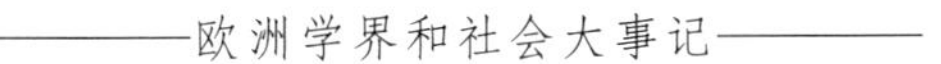

——欧洲学界和社会大事记——

1月1日　奥登堡致信惠更斯,通报牛顿反射望远镜的情况。

1月15日　奥登堡致信惠更斯,信中有对牛顿反射望远镜的详细说明。

3月30日　帕尔迪斯致信奥登堡,对牛顿的判决性实验提出质疑。认为牛顿的光的多质性假说会推翻光学的基础,他的判决性实验可用普遍接受的折射定律加以解释。该信发表在《哲学汇刊》上。

11月11日　奥登堡致信惠更斯,通报牛顿与胡克关于光的颜色理论的争论及沃利斯的曲线切线的作法。

盖吕克的《马格德堡的新的真空实验》(*Experimenta Nova Magdeburgica de Vacuo Spatio*)出版。

沃利斯编的英国天文学家霍罗克斯(Jeremiah Horrocks,1617—1641)的《遗著》(*Opera Posthuma*)在伦敦出版。科林斯寄给牛顿一册。

詹姆斯·格雷戈里的《摆的运动的几何探索》(*Tentamina gemetrica de motu penduli*)出版。

科学家、皇家学会创始人之一威尔金斯(1614—1672)卒。

数学家维特(1625—1672)卒。

巴黎天文台建成。

多米尼克·卡西尼发现土星的卫星雷亚(Reha)。

里奇发现同一单摆在卡宴比在巴黎摆动得快。

多米尼克·卡西尼在巴黎,里奇在卡宴当火星接近地球时测量了火星的视差。由此多米尼克·卡西尼算出地球到火星之间的距离:稍小于3100万英里。地球到太阳的距离:8700万英里。

英国联合法国进攻荷兰。

1673年　31岁

1月18日　奥登堡来信,转述惠更斯1月14日致奥登堡的信中对牛顿的颜色理论的批评。

2月　大约在此时,牛顿成为一个阿里乌教(不相信三位一体论的一个基督教派)的信徒。

3月5日　在一份大学的抗议上签名。

3月8日　致信奥登堡,认为惠更斯对他的颜色理论的质疑无需做答,因为它是私人信件。如果惠更斯希望得到回答并公之于众,在得到他的原信之后,牛顿会把回答寄给奥登堡。并表示他想退出皇家学会。

3月13日　奥登堡来信,随信寄来惠更斯1月14日来信的原件。对牛顿要退会表示惊讶,并愿意减少他交费的麻烦。

3月10日　离开剑桥。为时三周,可能回乌尔索普。

4月1日　返校。

4月3日　致信奥登堡,对惠更斯1月14日致奥登堡的信中对他的颜色理论的批评做了详细答复。该信发表在《哲学汇刊》上。

4 月 9 日　致信科林斯，详细描述他的望远镜与詹姆斯·格雷戈里所设计的望远镜之间的差异。并说他正在读霍罗克斯的著作。

5 月 20 日　致信科林斯，对科林斯关心自己作切线方法的发明权表示感谢。由于受到打扰，他希望退出皇家学会。

6 月 4 日　奥登堡来信，随信寄来惠更斯赠送牛顿的《摆钟论》（*Horologium Oscillatorium*）一书，该书刚在荷兰莱敦出版。奥登堡要牛顿不要为会费的事操心，并说大部分会员尊重且热爱他。

6 月 7 日　奥登堡来信，随信寄上惠更斯 5 月 31 日致奥登堡的信中关于牛顿颜色理论的部分。

6 月 18 日　科林斯来信，说德·斯鲁斯的曲线切线的作法在发表以前，他已提请牛顿注意此事。

6 月 23 日　致信奥登堡，认为对离心力的研究在自然哲学，天文学和数学上有用。与惠更斯对渐屈线的研究相比，自己的方法在计算上更为简单。牛顿把他对惠更斯的光由两种本原色构成的假设的回答，归纳为由五条定义和十条命题构成的一个可由实验检验的系统。此信还论及他的曲线切线的作法。

夏　由于读惠更斯《摆钟论》一书，牛顿给出旋轮线等时性的一个证明。也许牛顿给出的日期证明较《摆钟论》的出版为早，它的动力学特征是它不同于惠更斯的证明。

9 月 14 日　奥登堡来信，随信寄来波义耳送给牛顿一册他的讨论以太的书。奥登堡谈及他与天文学家多米尼克·卡西尼及弗拉姆斯蒂德（John Flamsteed）的通信，告诉牛顿卡西尼新发现了两颗土星的卫星。

9月17日　致信科林斯，为达瑞提供一份证词，并回答他所提的一个与椭圆有关的问题。

惠更斯寄来关于单摆的论文，牛顿回信表示感谢，并介绍了自己对曲线的研究。

秋季学期，开始关于代数的讲课。

年末 计算测量员达瑞来信请教代数问题。牛顿与他通信。

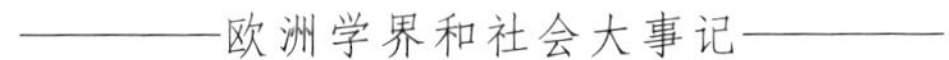
欧洲学界和社会大事记

1月14日　惠更斯致信奥登堡，这是他第四次来信批评牛顿的颜色理论。他拒绝接受牛顿的观念。

1月　莱布尼茨访问伦敦。在皇家学会，展示他制成的能进行四则运算的计算机，被选为皇家学会会员。

4月7日　奥登堡致信惠更斯，转述牛顿对他的光由两种本原色构成的假设的答复。

5月31日　惠更斯致信奥登堡，回答牛顿4月3日致奥登堡信，他认为光的本原色只有两种。他说："他（牛顿）的发现的确非常奇妙，但就我能由实验发现它的不符合之处而言，使得它在实践中几乎不可能……"该信的一部分发表在《哲学汇刊》上。

6月27日　奥登堡致信惠更斯，转述牛顿对他1月14日致奥登堡的信的答复。

弗拉姆斯蒂德在《哲学汇刊》上发表他对木星和火星的观测。

巴罗任三一学院院长。

英国议会通过测验法案，规定任何服务于英国政府的人员必须向国王效忠。

1674年　32岁

6月20日　致信科林斯，对安德森（Robert Anderson）的关于弹道学的书中假定子弹的轨道为抛物线提出质疑。此外还介绍了三次方程 $y^3 + aay - b^3 = 0$ 的(级数)解法。

8 月 28 日　代表三一学院赴伦敦参加蒙默思公爵(Duck of Monmouth)任剑桥大学校长的就职仪式。

9 月 5 日　返校。

10 月 6 日　致信达瑞,给出方程 $z^n + bn + R = 0$ 的两种近似解法:级数法和插分法。

10 月 15 日　达瑞来信,讨论方程 $z^n + bn + R = 0$ 的解法。

10 月　收到奥登堡转来的霍尔(Franis Hall,拉丁名字为利努斯,Linus 或 Line)批评牛顿颜色理论的信。从此开始了与利努斯及其学生关于颜色理论的长达四年的争论(主要通过书信)。

11 月 17 日　致信科林斯,请他把凯西(Kersey)的《代数学初步》(*Elements of Algebra*)的第四部分寄来。并提及他寄给达瑞的方程 $z^n + bn + R = 0$ 的解法将寄给科林斯。

12 月 5 日　致信奥登堡,对他费心转录利努斯的(关于光的)假设表示不安,因为牛顿不打算再关心(自然)哲学的发展了。

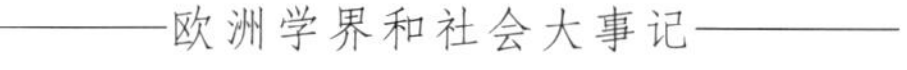

——欧洲学界和社会大事记——

9 月 26 日　莱布尼茨致信奥登堡,通报他关于旋轮线的结果。

10 月 6 日　莱布尼茨致信奥登堡,报告他对圆面积的计算,特别是他得到了一个简单的级数表达式(即 $\frac{\pi}{4} = 1 - \frac{1}{3} + \frac{1}{5} - \frac{1}{7} + \cdots$)。

9 月 26 日　利努斯致信奥登堡,对牛顿描述的日光色散光谱提出质疑。该信发表在《哲学汇刊》上。

12 月 8 日　奥登堡致信莱布尼茨,报告英国科学家在数学方面的工作。

12 月 17 日　奥登堡致信利努斯,对他做棱镜实验的细节提出建议。并说他的信无需牛顿作答，他只要阅读牛顿对帕尔迪斯的答复即可。

胡克的《证明地球运动的尝试》(*Attempt to Prove the Motion of the Earth*)出版。

统计学家格兰特(1620—1674) 卒。

诗人弥尔顿(1608—1674)卒。

英国与荷兰订立《威斯敏斯特和约》，结束战争。

1675 年　33 岁

1 月 22 日　致信达瑞，介绍椭圆弧长的近似求法。

1 月　致信奥登堡，请求皇家学会免收他的会费。由于牛顿的异教观点，他拒绝接受圣职，这样他就要辞去研究员的职务，这样一来，他的收入就减少了，除非他能得到王室的特许。

2 月 9 日　为保住卢卡斯教授职位而不被授予圣职，到伦敦活动。

2 月 18 日　第一次参加皇家学会会议并登记成为全权会员。还参加了此后的两次会议。

3 月 10 日　返校。

4 月 27 日　王室的特许状签发：卢卡斯讲座教授免授圣职。

春　计算员史密斯(John Smith)来信请教 1 到 10000 的平方根、立方根及四次方根表的编法，激起了牛顿对插值问题的兴趣。

5 月 8 日　致信计算员史密斯，介绍平方、立方和平方根表的造法。

7 月 24 日　致信计算员史密斯，介绍平方根、立方根和四次方根表的造法。

8 月 27 日　致信计算员史密斯，补充介绍平方根、立方根和四次方根表的造法。

10月14日　离开剑桥,可能是回乌尔索普。

10月23日　返校。

11月13日　致信奥登堡,回答2月15日利努斯致奥登堡的信中对自己颜色理论的质疑。该信发表在《哲学汇刊》上。

11月30日　致信奥登堡,向他描述一种助听器。

12月7日　致信奥登堡,信中包含两篇论文:《观察论稿》(*Discourse of Observation*)和《用于解释在我的几篇论文中所谈到的光的性质的一个假设》(简称《光的假设》,*An Hypothesis explaining the Properties of Light discoursed in my several Papers*),作为对别人对他的颜色理论责难的回答。这是牛顿第一次披露他对自然最终构成的想法。

12月14日　致信奥登堡,描述他以前用铜环做过的静电实验。同意奥登堡把他寄去的两篇文章登记,在他下一封信中要对《光的假设》做一些修改和补充。

12月　牛顿的论文《光的假设》分别在9日和16日的皇家学会会议上宣读。并在圣诞节后的两次会议上讨论。

12月21日　致信奥登堡,对用玻璃做静电实验作进一步的指示。向奥登堡讲述自己的光学实验与胡克的关系。该信的一部分于12月30日在皇家学会会议上宣读。按照牛顿的指示,1676年1月13日,在皇家学会会议上用玻璃做静电实验得以成功。该信关于胡克的一部分于1675年1月20日在皇家学会会议上宣读。

————欧洲学界和社会大事记————

2月15日　利努斯致信奥登堡，对牛顿的颜色理论提出质疑。该信的主要内容发表在《哲学汇刊》上。

3月20日　莱布尼茨致信奥登堡，询问詹姆斯·格雷戈里和牛顿在求曲线的长度、面积、级数等方面的工作。

4月12日　奥登堡致信莱布尼茨，将詹姆斯·格雷戈里发现的五个级数和牛顿发现的四五个级数告诉他。

9月30日　奥登堡致信莱布尼茨，报告英国数学家在微积分方面，特别是级数方面的工作。

10月19日　科林斯致信詹姆斯·格雷戈里，说他已有十一到十二个月没有与牛顿通信，也没有见到他，还说牛顿对数学已感到厌倦，现在正忙于研究化学并进行实验。

12月15日　加斯科因斯(John Gascoines)致信奥登堡，要求皇家学会做牛顿所说的实验，并要求维护他的老师利努斯的名誉。

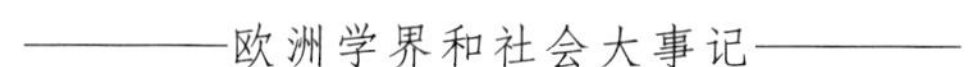

格林尼治天文台建立。3月，弗拉姆斯蒂德被任命为皇家天文学家。

莱布尼茨完成其微分学。

数学家詹姆斯·格雷戈里(1638—1675)卒。

多米尼克·卡西尼发现土星环的裂隙：卡西尼缝。

1676年　34岁

1月10日　致信奥登堡，讲述自己的光学方面的发现与胡克的关系，以及与利努斯在光学实验方面的差异。

1月20日　胡克来信，说他在皇家学会听了《光的假设》，觉得他和牛顿之间有误解，因此建议他们之间直接通信，讨论(自然)哲学问题。

1月20日和2月10日　皇家学会会议讨论牛顿的论文《观

察论稿》。学会希望在《哲学汇刊》上发表这篇论文,但被牛顿拒绝。

1月25日　致信奥登堡,对他想以皇家学会的名义发表《观察论稿》表示感谢,但要求暂不发表,因此文还需要补充。

2月5日　致信胡克(对他1月2日来信的答复),承认受惠于他,表示对争论的恐惧。对于胡克所给予的称赞,他说:"如果我看得远些,是因为我站在巨人肩上。"

2月15日　致信奥登堡,阐述对光的颜色是直接来自太阳的光束或以太振动的不同速度而产生的这一说法的看法。

2月29日　致信奥登堡,回答利努斯1675年2月15日在给奥登堡的信中对自己颜色理论的质疑。

4月26日　致信奥登堡,感谢在《哲学汇刊》上发表他1675年12月13日的信,以及在皇家学会会议上做光学实验。对他读到的波义耳的论文《论金与水银的逐渐加热》(*Of the Incalescence of Quicksilver with Gold*)发表意见。

5月11日　致信奥登堡,说在夏天可能要用到论文《光的假设》和《观察论稿》,希望奥登堡在方便时寄给他。因为他打算写关于光和颜色的其他论文。

5月15日　奥登堡来信,信中包含莱布尼茨1676年5月2日给奥登堡的信的片断:莱布尼茨询问正弦级数和反正弦级数展开的证明。

5月27日　离开剑桥。

6月1日　返校。

6月13日　致信莱布尼茨(经奥登堡转)。该信和同年写给莱布尼茨的另一封信,在后来关于微积分发明权的争论中起了重要作用。牛顿把此信称为《前书》(*epistola prior*),并把另一封信称为《后书》(*epistola posterior*)。《前书》回答关于两个级数的问题。在信中,牛顿对级数做了一般的阐释,首次在通信中公布了他的二项式定理,并通过九个例子说明定理

$$(P+PQ)^{m/n}=P^{m/n}+\frac{m}{n}AQ+\frac{m-n}{2n}BQ+\frac{m-2n}{3n}CQ+\frac{m-3n}{4n}DQ+etc.$$

的应用。此外,介绍用级数求根的方法以及级数变换。

8月18日　致信奥登堡,回答利努斯对他的棱镜实验的质疑。这封信(稍加删节)发表在《哲学汇刊》(*Phil. Trans.* 11(1676),698—705)上。

8月22日　致信奥登堡,由于天气原因无法作预定的实验,对一些研究在考虑好之后,再给奥登堡进一步的答复。对奥登堡来信关于采购果树的事感兴趣。

8月31日　科林斯来信,询问一些代数方程的解法,表示要将莱布尼茨(1676年8月7日致奥登堡)的长信抄送牛顿。

9月2日　致信奥登堡,询问奥登堡的朋友所能提供的果树的情况。

9月5日　致信科林斯,想出版欣克海森的《代数学》,但剑桥的出版社不能做。对自己寄出的关于级数的论文,是否适合出版,由科林斯决定。牛顿觉得他的论文最好不要发表,但如果科林斯有别的想法,在出版之前让他知道,他要做一些改动。如果莱布尼茨的信太长,只要抄录涉及他的部分即可。

9月9日　科林斯来信,希望牛顿发表他的级数论文。因为莱布尼茨认为他们的级数依据的原理较牛顿的容易。

10月24日　致信莱布尼茨(经奥登堡转),此即《后书》。信中谈到他以前的数学研究,如何从阅读沃利斯的《无穷的算术》得出二项式定理,在瘟疫流行时对双曲线下面积的计算,做曲线的切线的方法,求面积的方法。牛顿把曲线的切线和面积之间的关系写成字谜。对求面积,他给出了几个公式。对解微分方程(即对同时涉及流数的和流量的方程)的方法,他亦给出字谜以保密。牛顿希望这封信会让莱布尼茨满意,他正忙于其他事情,对这一主题他不想再写任何东西。

10月26日　致信奥登堡,对写给莱布尼茨的信做一些改动。并要求:"如无我的特许,不要让任何人将我的数学论文付印。"

11月8日　致信科林斯,表示莱布尼茨的方法并不比他的方法更普遍更简单。

11月14日　致信奥登堡,继续谈论引进果树的事。已收到利努斯的信,下星期四将回复寄奥登堡。对写给莱布尼茨的信又做了一些改动。收到奥登堡寄给他的波义耳的书。

11月18日　致信奥登堡,尚未准备好对利努斯的信的回复。和利努斯及其学生的争论表示厌倦。

11月28日　致信奥登堡,回答利努斯和卢卡斯(Anthony Lucas)关于光学的争论。

约于是年 完成《差分方法》(*Methodus differentialis*)和《差分规则》(*Regula differentiarum*)两篇论文。

——————欧洲学界和社会大事记——————

2月23日　三一学院图书馆破土动工。该馆由雷恩设计。由于耗资巨大，使三一学院不堪重负达二十年。牛顿为建图书馆捐款40英镑。

4月27日　棱镜的色散实验在皇家学会第一次做成功。

10月　莱布尼茨再访伦敦。他读了科林斯收藏的牛顿的手稿《论分析》和其他信件，并做了笔记。

11月　波义耳把他新出的书通过奥登堡寄给牛顿。

胡克的《火炬》(*Lampas*)在伦敦出版。

麦卡托的《天文学纲要》(*Institutionum Astronomicarum*)出版。其中关于月球的天平动理论，得到了牛顿的帮助。

哈雷(Edmond Halley)到圣赫勒那岛观测南半球的星空。他察觉到同样的单摆在圣赫勒那岛比在欧洲摆得慢。

罗默(Ole Römer)公布他所测定的光速(根据多米尼克·卡西尼的木星卫星的运动图表)：227000千米/秒。

莱布尼茨发展运动的动力学理论。

1677年　35岁

1月2日　奥登堡来信，祝贺新年，希望牛顿在下星期二能出席皇家学会的会议，因为有一个外国人送给国王(学会的创立者)和学会一块奇石作为新年礼物，它有奇怪的光现象。

2月19日　致信奥登堡，对发表在《哲学汇刊》上的胡克的文章予以评论。

2月20日　离开剑桥。

3月3日　返校。

3月5日　科林斯来信，抄录1676年11月18日莱布尼茨致奥登堡的信，莱布尼茨说他能得到与英国人相同的级数而不用对方程求根。

3 月 26 日　离开剑桥。

4 月 21 日　致信诺斯(John North),评价其兄的书《音乐哲学论》(*A Philosophical Essay of Musick*)。

4 月 26 日　离开剑桥。

5 月 22 日　返校。

6 月 8 日　离开剑桥。

7 月 14 日　把巴罗的藏书目录寄给 S. S。

8 月 30 日　科林斯来信,要抄录莱布尼茨 6 月 11 日和 7 月 12 日致奥登堡的信寄给牛顿。

12 月 8 日　致信胡克,听说他和弗拉姆斯蒂德做光学实验,希望他们在棱镜的角确定的情况下,将得到的颜色的像的长度与宽度之比告诉自己。

12 月 24 日　胡克来信,他在皇家学会所做的实验与牛顿的折射假设相符,而与卢卡斯的假设不相符,但他没有得到牛顿想要的数据。

——欧洲学界和社会大事记——

是年,与雷恩爵士讨论"由哲学原理确定天体的运动"。牛顿后来声称在本年他由逆流数法发现开普勒(Johnnes Kepler)的天文学命题的证明。

6 月 11 日　在收到《后书》后,莱布尼茨致信奥登堡,并在信中介绍了自己的微分法及对牛顿的一些方法的看法。

7 月 12 日　在研读了《后书》的内容后,莱布尼茨致信奥登堡,说他已经发现如何从级数 $z = ay + by^2 + cy^3 + \text{etc.}$ 求得 $y = \frac{z}{a} - \frac{bz^2}{a^3} + \frac{2b^2 - ac}{a^5}z^3 + \text{etc.}$

三一学院院长、数学家巴罗(1630—1677)卒。诺思(John North)继任院长。

皇家学会会长布龙克尔勋爵卸任，约瑟夫·威廉森爵士(Sir Joseph Williamson)继任。

数学家奥登堡(约 1615—1677)卒。胡克继任皇家学会秘书，直到 1683 年。

哲学家斯宾诺莎(1632—1677)卒。

查理二世的侄女(Mary)嫁给荷兰奥伦治亲王威廉。

1678 年　36 岁

3 月 4 日　卢卡斯来信，描述他用棱镜所做的实验的结果。

3 月 5 日　致信胡克，信中附有给卢卡斯的信，逐一回答卢卡斯的反对意见。

5 月 6 日　离开剑桥。

5 月 18 日　致信胡克，烦胡克转交两封信，因为牛顿不知道皮特(Moses Pitt)和皮尤(Robert Pugh)的地址。

5 月 25 日　胡克来信，牛顿的两封信已转交，希望在他从林肯郡返回时询问此地何处适于做较长的直线测量。

5 月 27 日　返校。

6 月 8 日　致信胡克，回答他 5 月 25 日信中的问题。

8 月 10 日　斯托勒来信，寄给牛顿一张他计算的北极星的小时高度和方位角的表。

9 月 4 日　斯托勒来信，寄给牛顿一张太阳方位角的表。

9 月 11 日　致信斯托勒，收到北极星的小时高度和方位角的表。

10 月 12 日　科林斯来信，询问关于等角螺线的问题。

12 月 10 日—1679 年 1 月 15 日　做化学实验。

是年　终止与利努斯及其学生关于光学的争论。开始有日期的炼金术实验记录。

——欧洲学界和社会大事记——

哈雷发表有 341 颗恒星的南天星表。

胡克发表他的弹性定律。

惠更斯在法国科学院的一次会议上提出光的波动说。

班杨(John Bunyan)的小说《天路历程》(*Pilgrim's Progress*)第一部出版。

7 月日下议院宣布:任何有关经费的议案的通过,皆为下院对国王的馈赠,因此须由下院动议。对此类议案,上院不应作任何更动。下院的重要性与日俱增。约于此时,国会议员中拥护国王者和主张资本主义民主者分获外号,前者称托利(Tory),后者称辉格(Whig)。这是现在资本主义政党的雏形。

1679 年　37 岁

2 月 7 日　致信马多克(Daniel Maddock),评价他寄来的光学论文所依据的原理。

2 月 28 日　致信波义耳,讲述自己的以太理论,应用该理论对一些光学和化学现象给出解释。其中包含关于重力原因的一个猜想。

5 月 15 日　离开剑桥。

5 月 24 日　返校。

春末　回乌尔索普侍候生病的母亲。她由于照料儿子本杰明而染病。虽然牛顿竭尽全力减轻他母亲的痛苦,但没能挽救她的生命。

6月4日　安葬母亲。

7月19日　返校。

7月28日　离开剑桥。在乌尔索普处理因母亲去世所起的家事。

11月24日　胡克来信，建议恢复以前的联系，希望牛顿对他的假设或意见发表看法，特别是行星在天空中的运动由“切向运动”和“向心运动”构成。告诉牛顿近期一些科学家的活动。

11月27日　返校。

11月28日　致信胡克，由于近年努力脱离哲学而从事其他研究，他没有听说过胡克关于行星在天空中运动的假设。提议用重物下落来证明地球的周日运动。

12月9日　胡克来信，对牛顿放弃哲学表示遗憾。在12月4日皇家学会的会议上他宣读了牛顿11月28日信的部分内容。认为重物下落的曲线不是牛顿书描绘的螺线，而是一种椭圆状的曲线。

12月13日　致信胡克，提出如果重力是均匀的，重物不会沿一条螺线下降到地球的中心，而交替上升和下降，物体画出的不是椭圆，而是一种更复杂的曲线。与胡克的通信，激发了牛顿对引力的思考。12月或次年初，他证明：物体运动的轨道是一个椭圆，向心力指向椭圆的焦点，向心力与物体离中心的距离的平方成反比。但他没有把这一结果告诉胡克。

是年前后开始撰写教会史。

开始撰写论文《论空气和以太》(*De aere et aethere*)。

罗默访问英国，会见了牛顿、哈雷和弗拉姆斯蒂德等。

——欧洲学界和社会大事记——

胡克的《卡特勒演讲》(*Lectiones Cutlerianae*)出版。

拉伊尔(Philippe de La Hire) 的《圆锥截线新论》(*Nouveaux éléments des sections coniques*)出版。

赫维留的《天体机构》(*Machina Coelestis*) 出版。

数学家波雷里(1608—1679)卒。

哲学家霍布斯(1588—1679)卒。

蒙塔古(Charles Montague)进入三一学院。后来他成了牛顿的朋友。此人在日后英国经济改革中发挥了重要作用。

5 月　议会通过人身保护法案。

1680 年　38 岁

1 月 6 日　胡克来信，认为在离中心所有的距离上相等的力作用下，牛顿所确定的物体运动的轨道是对的。但是胡克的假设是吸引总按照离中心的距离的二次反比。告诉牛顿他所做的重物下落实验。哈雷观察到摆在山顶比在山脚慢，胡克认为这给重力在较大的高度上确实减小提供了证据。

1 月 17 日　胡克来信，在室外和室内做牛顿提议的实验，都很成功。想知道由于中心吸引力的作用所成的曲线的性质，这种吸引使物体从切线或相等的直线运动下降的速度在所有的距离上与距离的平方成反比。

3 月 11 日　离开剑桥。返回时间不详。

4 月 28 日　离开剑桥。

5 月 29 日　返校。

6月　接收他的第二个学生马卡姆(George Markham)。

12月3日　致信胡克,接洽一个意大利医生想把关于金鸡纳树皮治疗发烧的论著呈交给皇家学会的事宜。感谢胡克做他提议的实验。

12月　向学院贷款100英镑用于建图书馆。

1680—1681年冬季 天空两次出现彗星。牛顿从12月12日开始观察,直到次年3月彗星消失。同时他系统地搜集了关于彗星的资料。

12月15日　弗拉姆斯蒂德来信(经克朗普敦(James Crompton)转),描述近来他对彗星的观测。弗拉姆斯蒂德认为11月初出现并在月底消失的彗星,与12月初再次出现的彗星是同一颗彗星。

是年,可能通过阅读费尔马和拉伊尔的著作,对古典几何产生了兴趣。

12月18日　胡克来信,报告皇家学会对那个意大利医生的提议表示欢迎,把论著呈交学会无需得到事先允诺。

12月24日　致信伯内特(Thomas Burnet),评论他的《地球的神圣理论》(*Telluris Theoria Sacra*)。

8月　莫尔致信夏普(John Sharp),说牛顿阅读了他的关于《启示录》的说明。

弗拉姆斯蒂德的《球的理论》(*Doctrine of the Sphere*)在伦敦出版。

皇家学会会长约瑟夫·威廉森爵士卸任,克里斯托夫·雷恩爵士继任。

10月　第四届议会召开。由于查理的弟弟詹姆士(James)皈依天主教,下院通过詹姆士不得继承王位的法案,但被上院否决。

1681 年　39 岁

1 月 3 日　弗拉姆斯蒂德来信(经克朗普敦转),描述去年 12 月对彗星的观测。

1 月 13 日　伯内特来信,对牛顿对他的《地球的神圣理论》的评论提出不同意见。

1 月　致信伯内特,对他对牛顿的意见(关于《地球的神圣理论》)的反馈给出进一步说明。

1 月　皇家学会来信,询问能否给亚当斯(John Adams)以技术帮助,得到肯定答复。

2 月 12 日　弗拉姆斯蒂德来信(经克朗普敦转),提出对彗星的构成的想法。

2 月 28 日　致信弗拉姆斯蒂德(经克朗普敦转),认为彗星不是在太阳之前(如弗拉姆斯蒂德认为的那样)改变运动方向,而是在太阳之后。怀疑去年 11 月和 12 月出现的彗星是两颗。

3 月 7 日　弗拉姆斯蒂德来信(经克朗普敦转),从其他人的彗星观测企图说明去年 11 月和 12 月出现的彗星是同一颗。

3 月 15 日　离开剑桥。

3 月 26 日　返校。

4 月 16 日　致信弗拉姆斯蒂德,继续讨论彗星问题。

5 月 23 日　离开剑桥。返校时间不详。

春季　继续从事炼金术实验。

试图从彗星的四个观测位置确定它的轨道,并把对该问题的探讨加在他秋季学期讲课的讲稿中。

控告有人以科尔斯特沃斯庄园的名义占用乌尔索普的二十英亩荒地，胜诉。

胡克开始出版《哲学文集》(*Philosophical Collections*)，它被认为是《哲学汇刊》的补充。该刊一直出版到1683年。

伯内特的《地球的神圣理论》出版。

3月　第五届议会召开。

1682年　40岁

2月21日　离开剑桥。

2月28日　返校。

4月3日　致信弗拉姆斯蒂德，因为牛顿推荐三一学院研究员佩吉特(Edward Paget)为基督学院(Christ's Hospital)数学学校的校长，希望得到弗拉姆斯蒂德的支持。

4月3日　应朋友埃利斯(John Ellis)2月之请，致信基督学院的院长，推荐三一学院研究员佩吉特(Edward Paget)为该院数学学校的校长。

4月8日　离开剑桥。

4月29日　返校。

5月10日　离开剑桥。

6月20日　致信布格里斯(William Briggs)，对他的视觉理论提出意见。

8月19日　波义耳来信，收到一封牛顿的信，希望有机会与牛顿面谈。

8月22日　写下一份8月19—22日的彗星观测记录。

8月　用铅砂(lead ore)做化学实验。

9月　空中出现了一颗非常明亮的大彗星，观察并记录了它的位置。发现行星运动的动力学可以用于彗星。

9月12日　致信布格里斯，表示虽不愿争论，但对布格里斯的友谊使牛顿写下对他的视觉理论的怀疑。

会见哈雷，并与他讨论彗星。

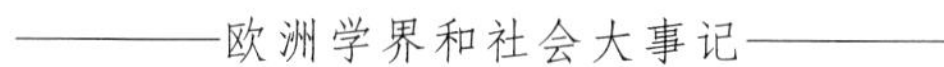

——欧洲学界和社会大事记——

剑桥大学校长去职，由阿尔比马尔公爵(Duck of Albemarle)继任。

皇家学会会长克里斯托夫·雷恩爵士卸任，约翰·霍斯金爵士(Sir John Hoskins)继任。

《学者学报》(*Acta Eruditorum*)创刊，由于是拉丁文的，很快享有国际声誉。

莱布尼茨在《学者学报》上发表关于圆的求积的论文。

天文学家皮卡德(1620—1682)卒。

1683年　41岁

3月2日　梅厄(Francis Meheux)从伦敦来信，解释没有迅速回答牛顿上一封信的原因，并讨论炼金术。牛顿与英国的秘密炼金术圈子很有关系。

3月17日　离开剑桥。

3月28日　与牛顿有二十年友谊的威金斯离开剑桥，到斯托克伊迪丝任牧师。

4 月 26 日　斯托勒来信，寄来他在新英格兰的马里兰对 1682 年彗星的观测记录。

5 月 3 日　返校。

5 月 21 日　离开剑桥。

下半年，汉弗莱・牛顿（Humphrey Newton）与牛顿住在一起，当他的抄写员。

12 月 22 日　致信奥布里（John Aubrey），三一学院由于建图书馆，现在无力买书，书单已给大学的副校长。

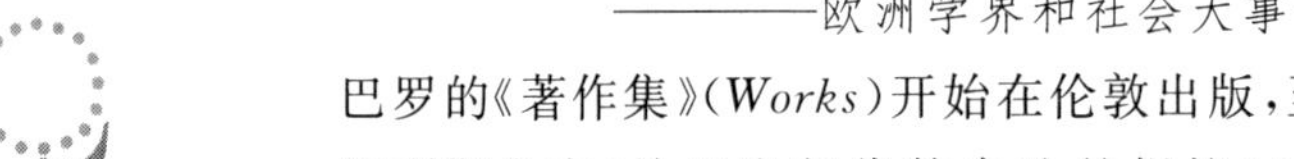

巴罗的《著作集》（*Works*）开始在伦敦出版，至 1687 年出齐，共五卷。

沃利斯发表《关于出版代数专论的提议》（*A Poposal about Printing a Teatise of Algebra*），说将出的书中要解释牛顿的无穷级数理论。

维加尼（John Francis Vigani）的《化学精华》（*Medulla Chymiae*）出版。

皇家学会会长约翰・霍斯金爵士卸任，西里尔・威彻爵士（Sir Cyril Wyche）继任。

数学家科林斯（1625—1683）卒。

查理二世取消伦敦市的特权，后被该市献金赎回。

1684 年　42 岁

5 月　做关于锌的化学实验。

6 月 9 日　大卫・格雷戈里（David Gregory）来信，并寄来他今年出版的书《图形测量的几何练习》（*Exercitatio geometrica de dimensione figurarum*）。

秋季学期，所开讲座的内容可能是动力学。

8 月　哈雷从伦敦来剑桥访问牛顿，向他提出这样的问题：假设太阳对行星的引力,与它们与太阳之间距离的平方成反比,行星的轨道为何种曲线?牛顿回答说是椭圆。哈雷问他是怎么知道的,牛顿说他是通过计算,并答应把证明过程寄给哈雷。

11月　通过佩吉特,哈雷收到牛顿寄来的长九页的论文:《论物体在轨道上的运动》(*De motu corporum in gyrum*)。此文不仅证明了椭圆轨道必须有一指向焦点的平方反比的力,而且还说明给定平方反比的力的大小如何确定行星的椭圆轨道。论文还证明了开普勒第二和第三定律。读过论文后,哈雷再赴剑桥会见牛顿,劝他发表这方面的著作。他后来把自己的剑桥之行称为"尤利西斯引出阿基里斯"。

12月27日　弗拉姆斯蒂德来信,牛顿希望他确定两颗恒星的位置并从木星的卫星的循环时间确定木星的卫星的距离。弗拉姆斯蒂德给出木星的四颗卫星的循环时间。

12月30日　致信弗拉姆斯蒂德,感谢他提供的数据。问他是否在土星与木星会合时土星的轨道显著地偏离开普勒的星表,以及土星除惠更斯发现的卫星之外是否有其他卫星。还希望尽可能精确地知道木星的卫星的轨道与木星的轨道之比。

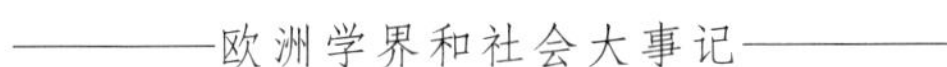

欧洲学界和社会大事记

1月　在皇家学会的一次会议上,哈雷、雷恩和胡克讨论如何从动力学原理推导出开普勒的行星运动定律。胡克声称他可以用平方反比的关系证明天体运动的所有定律。此次讨论促成了哈雷8月的剑桥之行。

7月6日《学者学报》的编辑门克(Otto Menke)致信莱布尼茨,说英国人把圆的求积归于牛顿。此信促使莱布尼茨写成一篇关于微分的论文《求极大和极小值及切线的新方法……》(*Nova methodus pro maximiset minimis*, *itemque tangentibus, quae necfractas, necirrationales quantitates moratur, et singulare pro illis calculi genus*),并发表在10月的《学者学报》上。

10月《学者学报》上发表莱布尼茨的论文,这是历史上第一次公开发表的微分学论文。

12月10日 哈雷向皇家学会报告了他的剑桥之行及所收到的牛顿的论文。哈雷认识到牛顿的这篇文章将引起天文学的革命。

多米尼克·卡西尼发现土星的卫星泰蒂斯(Tethys)和戴奥尼(Dione)。

皇家学会会长西里尔·威彻爵士卸任,佩皮斯(Sameul Pepys)继任。

皇家学会第一任会长布龙克尔(1620—1684)卒。

物理学家马里奥特(1620—1684)卒。

班杨的小说《天路历程》第二部出版。

1685年 43岁

1月5日 弗拉姆斯蒂德来信,他猜测牛顿正在用他的运动理论确定彗星的轨道。信中给出木星的四颗卫星的距角。

1月12日 致信弗拉姆斯蒂德,说他打算按照行星遵循的运动原理确定1664年和1680年的彗星的轨道。并想知道土星的卫星的轨道的大小,以及木星和土星的轨道的长轴。牛顿想知道开普勒第三定律在天体中符合到何种程度。向弗拉姆斯蒂德表示在他发表论文之前他要对这一课题追根求源。

1月27日 弗拉姆斯蒂德来信,告诉牛顿关于土星的卫星(惠更斯卫星)的一些数据。

2月23日 致信阿斯顿,感谢他把自己的论文记入皇家学会的登记册中。与阿斯顿谈及在剑桥组织哲学会的事。牛顿表示要到林肯郡一个月或者六个星期,回来之后再继续对运动的研究。

3月27日　因家事回乌尔索普。

4月11日　返校。

4月25日　致信布格里斯,称赞他的《眼科学》(*Ophthaimographa*)和《视觉理论》(*Theory of Version*)对光学和解剖学有重要意义。布格里斯(应牛顿之请)把此信作为他的《视觉新论》(*New Theory of Vision*)拉丁文译本的序言。

春　苏格兰数学家克雷格(John Craig)到剑桥访问牛顿,他看了牛顿的《论运动》及给莱布尼茨的信。

7月11日　离开剑桥。

7月20日　返校。

9月19日　致信弗拉姆斯蒂德,此时牛顿还没有计算出彗星的轨道,但他打算着手此事,并重新考虑1680年的彗星,觉得1680年11月和12月出现的两颗彗星很可能是同一颗彗星。由于多米尼克·卡西尼和弗拉姆斯蒂德对彗星的观测数据不一致,牛顿希望对他寄去的弗拉姆斯蒂德的观测抄本上标出较精确的观测。牛顿对彗星轨道的计算依赖三次观测,他表示,如果他能得到三个距离适当的精确观测,他期望计算出的彗星轨道不仅与1680年12月,1681年1月、2月、3月的观测精确相符,而且与彗星在临近太阳之前的1680年11月的观测精确相符。还询问潮汐的高度以及三颗恒星的位置。

9月26日　弗拉姆斯蒂德来信,回答9月19日牛顿的信中所提的问题。

10月10日　弗拉姆斯蒂德来信,给出他在10月2日观测到的几颗恒星的位置,这有助于牛顿确定彗星的轨道。

10月14日　致信弗拉姆斯蒂德,称赞他精确的观测会使自己省许多力气。牛顿表示他所要的是潮汐的高度而不是它们发生的时间。

11月　至此把《论运动》扩充为两卷书。卷一为《论物体运动》(*De Motu Corporum*),卷二无标题,在1729年以《论宇宙的体系》(*De Mundi Systemate*)为名出版。它们分别为卷一和卷三的草稿。比原来《论运动》的篇幅约增加了十倍。

售予三一学院图书馆一本西里西亚文的主祷文。此前,还向图书馆捐书三册(其中两本神学书)。

——欧洲学界和社会大事记——

沃利斯的《历史的和实用的代数学》(*Treatise of Algebra, both historical and practical*)出版。这是第一本叙述英国数学史的著作,书中用五篇的篇幅解释牛顿1676年致莱布尼茨的两封信。

拉伊尔的《圆锥截线》(*Sections Conicae*)出版。

2月　查理二世(1630—1685,1660—1685在位)卒,其弟詹姆斯二世(James II)继位。

发生在英格兰和苏格兰的叛乱在6月—7月被镇压。

1686年　44岁

5月8日　为《原理》第一版作序。

5月22日　哈雷来信,说牛顿的著作《原理》已由文森特(Nathaniel Vincent)博士在4月28日献给皇家学会,哈雷负责出版事宜。又告诉他胡克声称重力按照离中心的距离的平方的反比减小的定律牛顿得之于他。

5 月 27 日　致信哈雷，说在论述宇宙的系统的地方他会提到胡克和其他人。为了理清他和胡克的关系，牛顿回忆了他与胡克在 1679 年前后的通信，以及他在九年前与雷恩的一次谈话。

6 月 7 日　哈雷来信，请牛顿审查《原理》的第一印张的清样，征询他对纸张、字体的意见。希望牛顿寄来第二部分，或者其余部分。

6 月 20 日　致信哈雷，说去年他仍怀疑“一个实心球体所产生的引力恰好等于球心处一个质点所产生的引力，在这个质点上集中了球的全部质量”这个结论不正确。但在这年（1685 年），牛顿证明这个结论是对的。他表示他从来没有把二次比延伸到低于地球表面的情形。对哈雷寄来的清样表示满意。还说：“我原计划全书由三卷组成，第二卷去年夏天完成，它较短且只需抄写并细心画出要刻制的图。自那时我想到的一些新命题也只好听其自然。第三卷缺少彗星的理论。在去年秋天，我在计算上用了两个月的时间但没有结果，因为缺少一个好的方法，这使我在此后又回到第一卷，除增加去年冬天我发现的事项之外，还扩充了关于彗星的一些命题。现在我计划不发表第三卷。”

6 月 29 日　哈雷来信，希望牛顿不要取消第三卷。哈雷回忆了 1684 年 1 月与雷恩和胡克的聚会，以及 8 月对牛顿的访问，以证明当时胡克没有完整的重力理论，而只有一些猜测。力劝牛顿完成全书。

7 月 10 日　致信哈雷，同意哈雷提出的木刻。承认胡克对他的帮助，胡克的信引起牛顿发现确定轨道的方法。在尝试了椭圆之后就把计算扔在一边而从事其他研究，直到五年后哈雷来访，由于找不到那篇论文，牛顿从新进行计算把结果写成命题的形式并通过佩吉特送给哈雷。他在大约二十年前就从开普勒的定理得到重力的二次比。信中继续理清与胡克的关系。在第 I 卷命题 IV 的解释(Scholium)中加入胡克，以结束和胡克关于重力定律发明权的争论。

7 月 27 日　致信哈雷，从早年致奥登堡的信中得到早于胡克知道与到中心的距离的平方成反比的力的证据。在胡克纠正牛顿的螺旋线轨道之后，牛顿发现了后来用于检验椭圆的定理。

8 月　月底，哈雷到剑桥访问牛顿。

9 月 3 日　致信弗拉姆斯蒂德，听说他看到了卡西尼发现的土星的两颗新卫星。根据卡西尼的观测，木星的两极之间的直径比自西向东的直径短。如果真是如此，就能导出岁差的原因。

9 月 9 日　弗拉姆斯蒂德来信，说他没有看到土星的除惠更斯卫星之外的新卫星。木星的两极之间的直径确比它自西向东的直径短，所以看起来呈椭球形。他还给出木星呈椭球形的解释。如果牛顿能从木星的形状中给出岁差的原因会使他高兴，希望牛顿把这些内容插在他的即将出版的书中。

10 月 14 日　哈雷来信，报告书的印刷情况。提出对命题 XXIII 及引理 XXII 的疑问。

10 月 18 日　致信哈雷，修改命题 XXIII 的解释，向他解释图形变换的理由(引理 XXII)。提到佩吉特在剑桥时曾注意到印刷中的一些错误。

——欧洲学界和社会大事记——

秋　中断《原理》的写作,进行化学实验。

4月21日　哈雷通知皇家学会,牛顿的手稿很快便可付印。

4月28日　皇家学会收到《原理》第一卷的手稿。第二、三卷也基本完成,但牛顿还要对这两卷做重大修改。

皇家学会会长佩皮斯卸任,卡伯里伯爵(John,Earl of Carbery)继任。

哈雷任皇家学会办事员,至1689年。

莱布尼茨关于积分学的论文《隐匿的几何与不可分的和无穷的分析》(*De geometria recondita et analysis indivisibilium atque infinitorum*)发表在5月份的《学者学报》上。

雷的《普通植物志》(*Historia Generalis Plantarum*)出版,至1704年出齐。

物理学家盖吕克(1602—1686)卒。

詹姆斯二世下令设立宗教委员会,并在政府机关内试用天主教徒。

1687年　45岁

2月13日　致信哈雷,说他去年秋天已准备好了《原理》的第二卷,估计哈雷会在去年11月或12月需要它。对哈雷的任职表示关心。还提到沃利斯关于抛射体的论文以及哈雷所提的太阳的视差问题。

2月19日　就授予弗朗西斯学位的问题,致信学校负责人,提出:"如果国王陛下建议对此事(授予弗朗西斯学位的问题)不按法律来办,受害的是大家。"

2月24日　哈雷来信,他已收到牛顿寄来的由于印刷者粗心而丢失的一个印张的抄件,希望牛顿寄来《原理》的第二部分。

3月1日　致信哈雷,寄去《原理》的第二卷,并对沃利斯的论文和太阳的视差问题发表意见。

3月7日　哈雷来信，他已收到《原理》的第二卷。向牛顿报告印刷计划并询问第三卷《论宇宙的体系》的情况。

3月11日　剑桥大学评议会选举两名代表向副校长转达他们的意见：不经考试和宣誓就授予弗朗西斯学位是非法的和无效的。牛顿被选为代表。

3月14日　哈雷来信，寄来第十八印张并报告印刷的进展情况。

3月25日　离校到科尔斯特沃斯，处理他的佃户的事情。

春　购买化学药品。由于《原理》已完成，他对化学的兴趣又重新燃起。

4月5日　哈雷来信，他在昨天收到《原理》的第三卷。评价牛顿的彗星理论及全书。

4月　国王命令剑桥大学副校长皮切尔(John Pechell)出席教务委员会法院的听证会。

11日　学校评议会指定八个代表执行此项任务，牛顿名列其中。

4月21日　返校。

4月　21日和27日　牛顿和其他剑桥大学代表出席教务委员会关于弗朗西斯事件的听证会。

5月　7日和12日　牛顿和其他剑桥大学代表出席教务委员会的听证会。弗朗西斯事件的结果是：副校长皮切尔被革职，但弗朗西斯并没有得到学位。在此事件中，牛顿的勇气起了很大的作用。他晚年曾对别人说，他孤军奋战，改变了一项可能牺牲学校利益的妥协。

在完成《原理》之后,又转向光学的研究。

7月5日 哈雷来信,说《自然哲学的数学原理》已印讫。赠送牛顿二十册,另外四十册请他找书商代卖。对牛顿提了几点希望(如改进他的月球运动理论)。

9月2日 大卫·格雷戈里来信,读了《原理》,感谢牛顿的贡献。

9月6日 克拉克(Gilbert Clerke)来信,提出他在阅读《原理》时的疑问。

9月 致信克拉克,回答他的疑问。

9月 接受他的第三个,也是最后一个学生萨谢弗雷尔(Robert Sachverell)。

10月3日 克拉克来信,提出他在阅读《原理》时的疑问。

11月7日 克拉克来信,提出他在阅读《原理》时的疑问。

11月21日 克拉克来信,提出他在阅读《原理》时的疑问。

是年 在《测量员杂志》(*Guager's Magazine*)上发表旋转抛物体被平面截下的体积的计算。

——欧洲学界和社会大事记——

2月9日 剑桥大学副校长皮切尔收到国王的命令:无需考试和宣誓,授予本笃会修士弗朗西斯(Alban Francis)文学硕士学位。

2月21日 国王的命令呈交剑桥大学评议会。

3月初,哈雷收到《原理》的第二卷的手稿。

4月,哈雷又收到《原理》第三卷的手稿。

5月 法蒂奥(Nicholas Fatio de Duillier)到达伦敦,他被选为皇家学会会员。后来他成了牛顿的密友。

哲学家莫尔(1614—1687)卒。他是牛顿的同乡和朋友。

天文学家赫维留(1611—1687)卒。

数学家麦卡托(1620—1687)卒。

詹姆斯二世颁布信仰自由宣言,企图使天主教与英国国教处于同等地位。

1688年　46岁

1月11日　致信一位朋友,论及他在家乡的不动产的维修及与佃户的关系。

3月30日　离开剑桥。

4月25日　返校。

6月22日　离开剑桥。

7月17日　返校。

从是年起,不再从事教学活动。

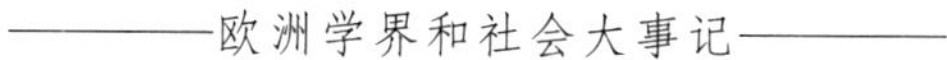

——欧洲学界和社会大事记——

大卫·格雷戈里发表牛顿的二项式定理,但没有提牛顿的名字。

《学者学报》和《博学者杂志》等欧洲大陆的刊物发表对《原理》的评论。

文学家班杨(1628—1688)卒。

11月5日　荷兰奥伦治亲王威廉和其妻玛丽应英人之邀来英。英国军队发生叛变,詹姆士二世逃走。

12月13日和14日　剑桥发生骚乱,军队进入学校。

12月19日　威廉和玛丽进入伦敦,完成政变。此次政变,史称"光荣革命",英国建立君主立宪政体。

1689年　47岁

1月15日　被剑桥大学评议会选举为参加协商革命事宜的

国会会议的议员。

1月17日　在伦敦与奥伦治亲王威廉共进晚餐。

2月15日　致信剑桥大学副校长科维尔(John Covell),提供议会与学校的有关信息,并建议学校如何处置。

3月　病倒在伦敦的旅馆中。

5月　再次病倒在伦敦的旅馆中。

5月30日　代表三一学院赴伦敦参加萨默塞特公爵(Duke of Somerset)任剑桥大学校长的就职仪式。

6月　惠更斯访问伦敦。12日在皇家学会报告他的《论光》和《重力起源演讲录》。牛顿出席了会议。也许在惠更斯的报告会上,结识瑞士数学家法蒂奥。

7月10日　与惠更斯和法蒂奥在伦敦会合,目的是推荐牛顿任剑桥大学国王学院院长一职,但没有成功。

在伦敦时,著名画家内勒(Sir Godfreg Kneller)为牛顿画像,这是他留下来的最著名的一张画像。

10月10日　致信法蒂奥,打算下周去伦敦。信中表明他们之间的关系已相当亲密。他向法蒂奥表示,波义耳在炼金术问题上较过去开放,有博取声名之嫌。

是年 除国会9月和10月休会,绝大部分时间留在伦敦。

——欧洲学界和社会大事记——

莱布尼茨在《学者学报》上发表《论天体运动的原因》(*Tentamen de motuum coelestium causis*)。这是他在阅读《原理》之后写成的,尽管他从来不承认。

皇家学会会长卡伯里伯爵卸任,彭布罗克伯爵(Thomas, Earl of Pemborke)继任。

2月13日　临时议会将英王王冠献于威廉和玛丽。两人共同执政，同时发表《人权宣言》(*Bill of Rights*)及王位继承顺序。

英王威廉三世访问剑桥，视察了建设中的三一学院图书馆。

1690年　48岁

1月　在议会对极端的辉格党人提出的议案，投了赞成票。

1月27日　议会休会。

2月4日　返校。

2月24日　法蒂奥来信，提到他在伦敦为牛顿谋职。

3月10日　离开剑桥，前往伦敦。在此期间，法蒂奥从牛顿带的一册《原理》中抄录了他对《原理》第二卷命题XXXVII的订正，但没有时间抄录牛顿编的《原理》的勘误表。他们可能在读惠更斯的《论光》。

3月　致信洛克，提出对《原理》第一卷命题XI的另一个证明。

4月12日　返校。

5月　斯塔克(Henry Starkey)来信，提到牛顿谋职的事。所提到的职位有造币厂厂长、督办和审计员。

6月22日　离开剑桥。

7月2日　返校。

10月28日　致信洛克，下星期把一篇论文寄出。

11月14日　致信洛克，内容为写成两封信的论文:《圣经中的两处显著的篡改》(*Two Notable Corruptis of Scripture*)。

——欧洲学界和社会大事记——

皇家学会会长彭布罗克伯爵卸任，罗伯里·索思韦尔爵士（Sir Robery Southwell）继任。

赫维留的《天文学先驱》（*Prodromus Astronomiae*）出版。

洛克的《人类理解论》（*Essay Concerning Human Understanding*）出版。在序言中，他赞扬了牛顿。

拉夫森（Joseph Ralpson）发表《普遍方程分析》（*Analysis Aequationum Universalis*），其中（对多项式）描述了牛顿—拉夫森方法。

惠更斯《重力起源演讲录》（*Discours de la cause de la pesanteur*）和《论光》（*Traité de la mumiére*）出版。

罗尔（Michel Rolle）的《代数专论》（*Traité d'algébre*）出版。

雅克·伯努利（Jacques Bernoulli）在五月份的《学者学报》上用微分方程给出等时问题的解，并提出一个问题：一根柔软而不能伸长的绳子自由悬挂在两个固定点，求这条绳子所形成的曲线。莱布尼茨称之为悬链线（catenarius）。

克雷格（John Craig）的《基督教神学的数学原理》（*Theologiae Christianae Principia Mathematica*）发表。

配第（William Petty）的《政治算术》发表，作者在书中提倡用定量方法研究社会和政治现象。

威廉三世率军进攻在爱尔兰的詹姆斯二世，詹姆斯二世逃往法国。

1691年　49岁

1月　访问马沙姆夫人（Lady Masham）在埃塞克斯的庄园，逗留约两周。在此与洛克探讨神学问题。

7月27日　致信夏勒特（Arthur Charlett），推荐大卫·格雷戈里任牛津大学萨维里天文学讲座教授（Savilian Professor of Astronomy）职务。

夏　致信本特利（Richard Bentley），对他阅读《原理》提出建议。会见大卫·格雷戈里。

8 月 10 日　致信弗拉姆斯蒂德，希望他尽早出版他的恒星表。询问他在木星食在开始和结束时，它是否出现颜色。

9 月 12 日　离开剑桥，赴伦敦会见法蒂奥。

9 月 19 日　返校。

12 月 31 日　离开剑桥。

完成《求曲边形的面积》(*Tractatus de Quadratura Curvarum*)。该文 1704 作为《光学》的附录发表。

——欧洲学界和社会大事记——

12 月 18 日　法蒂奥致信惠更斯，提出牛顿首先发明微积分。这开启了后来牛顿和莱布尼茨关于微积分发明权的激烈争论。信中还提到他自己主持出版《原理》第二版的可能性及他更正了《原理》中出现的一些错误。

由于政局动荡，《哲学汇刊》在 1687 年停刊。是年哈雷参与编辑《哲学汇刊》，从此它连续出版至今。

12 月 30 日　波义耳(1627—1691)在伦敦卒，牛顿参加了他的葬礼。

奥扎纳姆(Jacques Ozanam)的《数学词典》(*Dictionnaire Mathématique*)在阿姆斯特丹出版。

三一学院图书馆建成。

英格兰与爱尔兰订立和约。

1692 年　50 岁

1 月　大部分时间在伦敦。

1 月 4 日　牛顿的朋友巴宾顿(Humphrey Babington)在剑桥卒。由于滞留伦敦，牛顿没有参加他的葬礼。

1 月 9 日　佩皮斯招待了他。

1月21日　返校。

2月　致信洛克,要他停止在阿姆斯特丹出版牛顿年寄给他的文章。(该文1754年以《伊萨克牛顿爵士给克勒克先生的两封信》(*Two letters of Sir Isaac Newton to Mr. le Clere*)为题在伦敦出版)。

5月　洛克到剑桥访问牛顿。

7月　致信洛克,对他寄来的红土表示感谢。在这一年,牛顿通信中的一个主题是炼金术。

秋　法蒂奥到剑桥拜访牛顿。

11月17日　法蒂奥来信,说他患病,无望康复。牛顿马上复了一封充满关切的信。

12月10日　致信本特利,回答他询问的关于上帝与引力的问题。至1693年2月11日,牛顿共给本特利写过四封信,讨论上帝与引力问题。

完成论文《论酸的性质》(*De natura acidorum*)。该文1710年发表在约翰·哈里斯(John Harris)的《技术词典》(*Technical Dictionary*)上,这是牛顿发表过的唯一一篇化学论文。

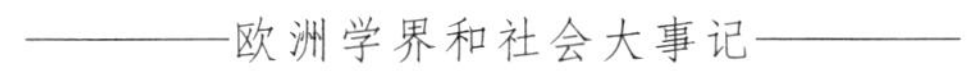

欧洲学界和社会大事记

英国炼金术士阿什莫尔(1617—1692)卒。

英国发行公债100万镑。这是首次由国家发行公债。

1693年　51岁

2月　法蒂奥到剑桥拜访牛顿。

一瑞士神学家到剑桥拜访牛顿。

3 月 7 日莱布尼茨来信，他提到自己在数学方面的工作，承认自己受惠于牛顿甚多。并提出以太作为重力原因的必要性。

3 月 9 日法蒂奥来信，表示他希望与牛顿比邻而居。

3 月 14 日　致信法蒂奥，商讨法蒂奥移居剑桥的可能性。

5 月 30 日　离校，可能是去了伦敦，处理与法蒂奥的事。他们之间的亲密关系从此结束了。

6 月 8 日　返校。

6 月　继续做化学实验。

8 月 24 日　妹妹汉娜(Hannah Barton)来信，她的丈夫病得很重，无望康复。家事多艰，希望得到哥哥的安慰。她丈夫在这一年去世。

春天和夏天写作《实践》(*Praix*)，他的最重要的炼金术论文。

9 月 13 日　致信佩皮斯，16 日致信洛克，言辞非常激烈。此时，牛顿至少有已五个晚上没有睡觉，出现了精神崩溃。对 1693 年牛顿出现的精神崩溃，后人有许多解释，但不大能令人信服。

9 月 28 日　向米林顿(John Millington)解释他给佩皮斯写信的缘由，米林顿觉得此时他的神智已恢复正常。

10 月 16 日　致信莱布尼茨，说他将在沃利斯的著作中披露他的流数方法。并且拒绝莱布尼茨提出的以太作为重力原因的解释。

11 月 26 日　致信佩皮斯，解释抽奖彩票中的概率问题。并在 12 月 16 日和 23 日的信中继续加以解释。

冬季　牛津学者米尔(John Mill)到剑桥拜访牛顿，前者正致力于《新约全书》的正确译文,为此他收集手稿超过百种。牛顿把他留下的手稿与自己收集的《启示录》的各种版本进行参校。

沃利斯的《代数学》(*De algebra tractatus*)拉丁文第二版出版。牛顿写了该书的390—396页,这是他第一次发表他的流数理论。

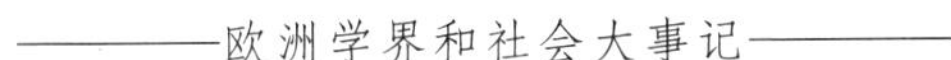

哈雷在《哲学汇刊》上发表关于人口死亡率的论文。

罗伯瓦尔(Gilles Persone de Roberval)(1602—1675)的遗著《不可分理论》(*Traité des indivisibles*)出版。

本特利所作的波义耳讲座的结集《驳无神论》(*A Confutation of Athesim*)出版。他赠送牛顿一册。

英军在内文尔顿被法军击败。

1694年　52岁

5月　大卫·格雷戈里到剑桥访问牛顿,与他谈论了将在新版《原理》中要改进的问题。格雷戈里计划负责新版《原理》的修订。他们还讨论了著名的十三球问题。在他的备忘录中,格雷戈里提到牛顿写了一篇论国家起源的论文。

5月25日　致信霍斯(Nathaniel Haws),对基督学院 数学课程的 设置,提出了自己的意见。这些意见后被学院采纳。

9月1日　由大卫·格雷戈里陪同,访问格林尼治天文台。牛顿在同弗拉姆斯蒂德交谈时,谈到《原理》的新版本。牛顿相信月球理论在他的掌握之中,为确定月球的位置他只需五到六个均差。他此行的目的是想获得月球运动的数据。弗拉姆斯蒂德有条件地答应提供数据。此后大约一年的时间里，他们之间来往信件颇多。

9月7日　弗拉姆斯蒂德来信，说为了精确地确定月球的位置，需要对恒星的观测数据加以整理。

10月30日　由于去年的病，皇家学会致信牛顿，敦促他出版他对《原理》的改进及其他发现。

是年　计划出版光学方面的著作，但由于怕引起争论而放弃。

重新研究月球理论——《原理》中最困难的问题之一。

惠斯顿(William Whiston)将他的《地球理论》(*Theory of the Earth*)一书的手稿交牛顿过目。该书于1696年出版。

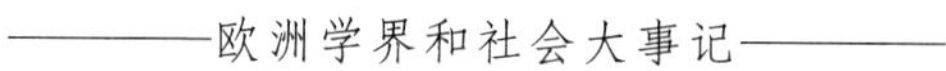

莱布尼茨制成一台能做乘法的计算器。

英格兰银行设立。

12月　玛丽女王(1662—1694，1689—1694在位)卒，威廉三世成为唯一国王。

1695年　53岁

2月7日　弗拉姆斯蒂德来信，说伦敦流传牛顿的死讯。

4月30日　沃利斯分别致信皇家学会和牛顿，敦促他出版光学著作。

5月30日　沃利斯来信，要求在他将出版的《数学著作》(*Opera Mathematica*)第三卷中发表牛顿1676年致莱布尼茨的两封信的全文。

7月9日　致信弗拉姆斯蒂德，将自己修正月球理论的失败归咎于他不积极提供有关观测数据。

夏　因个人事务回乌尔索普。

9月　答复摄政委员会关于货币危机的咨询。赞成货币重铸。

9月10日　返校。

9月14日　离开剑桥。

9月28日　返校。

10月31日　致信弟弟本杰明,给他生病的妻子开了一个处方。

秋　完成论文《三次曲线枚举》(*Enumeratio Linearum Tertii Ordinis*)的定本。该文1704年作为《光学》的附录发表。

为剑桥大学圣凯瑟琳学院的重建贷款25镑。

年底　与哈雷开始关于彗星的通信。

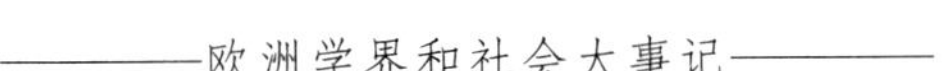

欧洲学界和社会大事记

大卫·格雷戈里的《实用几何理论》(*Treatise of Practical Geometry*)出版。

伍德沃德(John Woodward)的《地球自然史论文》(*An Essay towards a Natural History of the Earth*)出版。

拉伊尔的《力学》(*Traité de Mécanique*)在巴黎出版。

皇家学会会长罗伯里·索思韦尔爵士卸任,蒙塔古继任。

物理学家惠更斯(1629—1695)卒。

1月　蒙塔古着手改革币制。

英国取消出版物(主要为报纸)检查条例。

1696年　54岁

年初 去伦敦谋职。

3 月初 伦敦的一位炼金术士来剑桥访问牛顿，他在一份备忘录中记录了他们之间的谈话。

3 月 23 日　离开剑桥。

4 月 13 日　被任命为伦敦造币厂的督办。

4 月 20 日　离开剑桥。

3—4 月间移居伦敦，先住在造币厂内，8 月份，搬到杰米街(Jermyn Street)居住。

5 月 2 日　在造币厂宣誓就职。

6 月　要求加薪，理由是他所得报酬与“督办这一职位所享有的职权不相称”。

夏　致函财政部，要求免去自己所担负的逮捕并起诉伪造货币者的职责，但被财政部拒绝。

牛顿到任后，造币厂铸币速度迅速提高。周铸币量最高达 100,000 镑，到年底，共铸币 2,500,000 镑。

——欧洲学界和社会大事记——

约翰·伯努利(Johann Bernoulli)声称，牛顿在沃利斯的《数学著作》中发表的微积分方法是剽窃莱布尼茨的。

洛必达(de l'Hospital)的《无穷小分析》(*Analyse des infiniment petits*)出版。这是历史上第一本微积分教程。

天文学家里奇(1630—1696)卒。

1 月 21 日　国会通过货币重铸法案。

英国商业与殖民委员会成立。

1697 年　55 岁

1 月 29 日　收到约翰·伯努利寄来的两个挑战问题。其一为最速降线问题。

1月30日 致函皇家学会会长蒙塔古,报告他已解决了伯努利寄来的问题。牛顿的解答匿名发表在《哲学汇刊》(17,no.224,pp.348—9)上。

年初 撰写造币厂报告。

7月 对基督学院数学学校的五名学生进行考试。

8月 向上诉法院提供了查洛那(William Chaloner)伪造货币的证据。

12月30日 哈雷来信,表示感谢。由于牛顿的推荐,他当上了柴郡造币厂的代理审计员。

在伦敦与弗拉姆斯蒂德讨论月球问题。

是年,牛顿的外甥女凯瑟琳(Catherine Barton)与他住在一起。

欧洲学界和社会大事记

7月 在本特利的一封信中,他提到他在伦敦组织了一个俱乐部,成员为学界的名流,包括牛顿。

罗奥(Jacques Rohault)的《物理学》(*Traité de Physique*)被牛顿的朋友克拉克(Samuel Clarke)译成拉丁文出版,书中有译者根据牛顿观点所做的许多注释。

莱布尼茨编辑出版《中国近事》(*Novissima Sinica*)。

英国,法国,西班牙和荷兰订立利斯威克和约。法国承认威廉三世为英王。

1698年 56岁

2月6日 俄国的彼得大帝(Peter the Great)访问英国,在伦敦造币厂他会见了牛顿。

春　雅克·卡西尼(Jacques Cassini)到伦敦拜访牛顿,据说是要给他一笔津贴,这也许关系到牛顿到法国科学院任职一事。

5月　与牛津大学学生哈林顿(John Harington)通信,内容与牛顿的论文《异教神学的起源》(*Origins of Gentile Theology*)有关。

回剑桥,但没有参加议员竞选。

12月4日　访问格林尼治天文台。弗拉姆斯蒂德又继续为他提供数据。

——欧洲学界和社会大事记——

皇家学会会长蒙塔古卸任,由萨默斯勋爵(John,Lord Somers)继任。

惠更斯的遗著《宇宙论》(*Cosmotheoros*)在海牙出版。

议会通过《羊毛纺织品法案》,禁止殖民地各区相互运送羊毛或羊毛纺织品。

伦敦证券交易所成立。

1699年　57岁

1月2日　弗拉姆斯蒂德来信,希望他承认前者在月球理论上给他的帮助。

1月6日　致信弗拉姆斯蒂德,要求他在出版物上不要提及自己的名字。

2月21日　当选为法国科学院外籍院士。

3月　伪币制造者查洛那来信,希望得到牛顿的宽恕。但他仍被处死。

4月19日　应皇家学会的要求,在学会会议上发表对一个西班牙人著作《几何分析》(*Analysis Geometrica*)的看法:作者的观点与古人一样。

8月　在皇家学会的一次会议上,展示了他改进的一种六分仪。

夏　应海军的要求,审查一项确定经度的方案。

11月30日　当选为皇家学会理事,但没有参加理事会会议。

12月23日　造币厂厂长尼尔(Thomas Neale)卒。25日,继任造币厂厂长。

资助出版《不列颠石生植物图谱》(*Lithopylacii Britannici Ichnographia*)。

——欧洲学界和社会大事记——

法蒂奥的小册子《最速降线的双重几何研究》(*Lieae brevissmi descensus investigatio geometrica duplex*)出版。文中明确提出牛顿为微积分的第一发明人,莱布尼茨为第二发明人。

沃利斯的《数学著作》(*Opera Mathematica*)第三卷出版(共三卷,第一卷于1695年出版,第二卷于1693年出版)。其中包含牛顿1676年致莱布尼茨的两封信的全文。

议会对威廉三世以英国土地赏赐荷兰籍宠臣提出抗议。

1700年　58岁

请求将他的保证金(bond)定到前任的水平,被接受。

为家乡做事。

剑桥大学三一学院院长位置空缺,如果牛顿接受任命的话,可得到此职，但他无意于此。结果神学家本特利任三一学院院长。

——欧洲学界和社会大事记——

柏林科学院建立。这是莱布尼茨呼吁多年的结果，他任院长。

1701 年　59 岁

1 月　指定惠斯顿（William Whiston）代理他的卢卡斯讲座数学教授职位。

11 月 26 日　当选为代表剑桥大学的国会议员。

12 月 10 日，辞去卢卡斯讲座数学教授职位。

辞去三一学院研究员职位。

论文《热的度量》（*Scala graduum caloris*）匿名发表在《哲学汇刊》22，no. 270，824—9 上。

——欧洲学界和社会大事记——

英国和法国之间为西班牙王位继承权而爆发战争。

1702 年　60 岁

秋　在马沙姆夫人的庄园访问洛克。

画家内勒再次为牛顿画像。

小册子《月球运动的新的和最精确的理论》（*A New and Most Accurate Theory of the Moon's Motion*）在伦敦出版。

——欧洲学界和社会大事记——

大卫·格雷戈里的《物理和几何天文学的基础》（*Astronomiae physicae*

& *geometricae elementa*)在牛津出版。牛顿的《月球的新理论》发表在该书的332—336页。

剑桥大学设立化学教授职位。

威廉三世(1650—1702,1689—1702在位)卒,詹姆士二世的另一个女儿安妮(Anne)继位。

由于西班牙继承权战争,货币的需求量减少。

1703年　61岁

11月30日　当选为皇家学会会长。

12月15日　第一次主持皇家学会的会议。

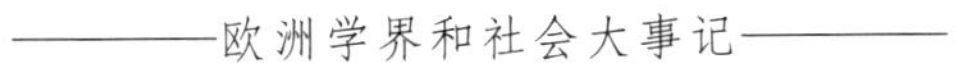

——欧洲学界和社会大事记——

切恩(George Cheyen)的《逆流数法》(*Flusionum methodus inversa*)出版。

惠更斯的遗著《屈光学》(*Dioptrica*)出版。

物理学家胡克(1635—1703)卒。

数学家沃利斯(1616—1702)卒。

佩皮斯(1633—1702)卒。

英国与葡萄牙订立商业条约。

伦敦造币厂开始负责锡的贸易。

1704年　62岁

2月16日　《光学》(*Opticks*)英文第一版在伦敦出版。该书附有两篇数学论文。

4月12日　到格林尼治天文台,了解弗拉姆斯蒂德的观测情况。

——欧洲学界和社会大事记——

数学家洛必达(1661—1704)卒。

剑桥大学设立普卢姆天文学和实验哲学教授(Plumian Professor of Astronomy and Experimental Philosophy)职位。次年,科茨(Roger Cotes)首任此职。

1705 年　63 岁

1 月 23 日　提议出版皇家天文学家弗拉姆斯蒂德的观测。

3 月　访问剑桥。

4 月　返回伦敦。但作为议员的候选人,不久重访剑桥。

4 月 16 日　安妮女王访问剑桥,授予牛顿爵士称号。

5 月 17 日　参加竞选议员,失败。

12 月 21 日　与大卫·格雷戈里讨论《光学》中的最后一个疑问。

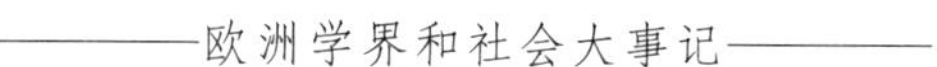

——欧洲学界和社会大事记——

胡克的《遗著》(*Posthumors Works*)在伦敦出版。

数学家雅各·伯努利(Jakob Bernoulli) (1654—1705)卒。

博物学家雷(1627—1705)卒。

哈雷在小册子《彗星天文学纲要》(*Astronomiæ Cometicæ Synopsis*)中预言 1682 年出现的彗星将于 1757 年或 1758 年再次出现。这是历史上第一次明确预言彗星的回归,这颗彗星后来被称为“哈雷彗星”。

牛孔门(Thomas Newcomen)等发明蒸汽机,并获专利。

1706 年　64 岁

《光学》拉丁文第一版在伦敦出版,增加了七个新的疑问。

1707 年　65 岁

4 月 15 日　与大卫·格雷戈里到格林尼治访问弗拉姆斯蒂德。

《普遍的算术》(*Arithmetica Universalis*)拉丁文第一版在剑桥出版。内容是他作任卢卡斯教授时的讲义,由惠斯顿整理。牛顿对它很不满意,但它对代数的推进受到了称赞。莱布尼茨在《学者学报》评论该书包含“在大厚册的分析学中找不到的真正不平凡的东西。”

——————欧洲学界和社会大事记——————

11 月　苏格兰开始重铸货币,至 1708 年 12 月完成货币重铸。

1708 年　66 岁

莫尔的神学著作在伦敦出版。

数学家,牛顿的朋友大卫·格雷戈里(1659—1708)卒。

联合王国第一届议会召开(安妮朝第三次议会)。

1709 年　67 岁

7 月　科茨在伦敦拜访牛顿。

8 月 18 日　科茨来信,说他检查了《原理》第一卷的命题 XCI 并发现牛顿的论文《求曲边形的面积》中的错误。

10 月 11 日　致信科茨,感谢他所指出的错误,并给出了对《原理》中一些错误的更正。他劝科茨不要检查《原理》中的所有证明，这样工作量太大。

10 月 20 日　本特利来信，报告《原理》印刷的进展情况及对版式的设计。

10 月　牛顿从杰米街搬到切尔西(Chelsea)居住。

德蒙莫尔(Rémond de Monmort)来信，说他在巴黎印了一百册《光学》分发给渴望但又无法买到它的人。

推荐琼斯(William Jones)为基督学院的数学学校的校长，但没有成功。

——欧洲学界和社会大事记——

霍克斯比(Francis Hauksbee)的实验论文集《物理—数学实验》(*Physico-Mechanical Experiments*)出版。

弗拉姆斯蒂德由于拖欠会费，被牛顿从皇家学会除名。

1710 年　68 岁

2 月 15 日　致信戈尔多芬(Sidney Godolphin)，报告应予爱丁堡铸银币的补贴数目。

4 月 15 日　科茨来信，报告第二版《原理》已印刷 251 页。

9 月　搬到圣马丁街(St. Martin's Street)居住。

秋　组织皇家学会购买在克兰院(Crane Court)的房屋作为它的活动场所。

本年　由桑希尔(Sir JamesThornhill)画像。

在圣保罗大教堂顶做铜球下落实验，以测定空气的阻力。这个实验可能

是由牛顿建议的。

惠斯顿由于其异教观点被剑桥大学开除。

天文学家罗默(1644—1710)卒。

柏林科学院的集刊第一卷出版,集中收录58篇关于数学和物理的文章。

11月　安妮朝第四届议会召开,由在议会中占多数的托利党组阁。英国议会中由多数党派执政的原则,由此逐渐确立。

1711年　69岁

1月20日　在皇家学会理事会上提出四项动议。

10月20日　与弗拉姆斯蒂德在皇家学会发生激烈冲突:原由是格林尼治天文台中天文仪器的归属。

3月22日　莱布尼茨的信在皇家学会会议上宣读,牛顿主持会议。

4月　在皇家学会会议上展示自己发现微积分的证据。

5月　在凯尔(John Keill)给莱布尼茨的信写成之后,下令将信寄给莱布尼茨。

10月25日　科茨来信,希望牛顿支持他提出的卢卡斯教授的人选赫西(Christopher Hussey),但被拒绝。此职由桑德森(Nicholus Sanderson)担任。

由牛顿授权琼斯编辑的牛顿的数学论文集(*Analysis per quantitatum series ,fluxiones ac differentias*)在伦敦出版。集中包括《论运用无穷多项方程的分析》、《差分方法》、《论求曲边形的面积》、《三次曲线枚举》。还有书信的一些片段。

——————欧洲学界和社会大事记——————

3月4日　莱布尼茨致信皇家学会秘书斯隆(Hans Sloane)，由此引发了关于微积分发明权的激烈争论。

12月29日　莱布尼茨致信皇家学会，作为会员，他要求皇家学会在微积分发明权问题上主持公道。

议会通过土地资格法案，规定各郡选民的土地收入必须在每年600镑以上者，自治市选民的土地收入必须在每年300镑以上者，才能当选为下院议员。

南海公司成立。

1712年　70岁

4月3日　致信科茨，修改第三卷命题XIX(求行星的轴与垂直于它的直径之比)和命题XX(求物体在地球上不同地方的重量，并加以比较)。为了准确地确定地球的形状，牛顿引用了雅克·卡西尼最新的大地测量结果。

4月8日　致信科茨，寄去对第三卷命题XXXVI(求太阳使海洋运动的力)和命题XXXVII(求月球使海洋运动的力)的校订，并乐意知道科茨对它们的看法。

4月14日　科茨来信，表示他已收到牛顿4月3日和4月8日所写的信。在信中，科茨一一注明他对牛顿稿本的改动，并随信寄来两个印张的校样让牛顿审查。

4月15日　科茨来信，更动命题XXXV(求在给定时间月球轨道对于黄道面的倾角)的结尾。建议牛顿修改命题XXXVI和命题XXXVII，但他的意见未被采纳。

4月22日　致信科茨，说他已看完科茨4月14日寄来的两个印张的校样，同意科茨的修改。对科茨4月15日来信对命题

XXXV 的更动，牛顿给出自己的措辞，它实质上与第一版相同。随信还寄给科茨他对第三卷命题 XXXVII 和命题 XXXVIII（求月球本体的形状）的校订。对命题 XXXIX（求二分点的岁差），牛顿没有改动。

4 月 24 日　科茨来信。经过重新考虑，他对命题 XXV 表示满意。更改命题 XXVIII 中方程的系数，由此引起对命题 XXIX、命题 XXXI 及命题 XXXII 中数据的变动。

4 月 26 日　科茨来信，说他已检查过牛顿对命题的校订，对其中的数据和措词提出修改意见。还对命题 XXXVIII 做了一些改动。从本特利处科茨得知牛顿将在《原理》第三卷中加入论无穷级数和流数法的论文，乘机提议牛顿修订《普遍的算术》。还建议牛顿重印他的关于三次曲线的论文，但认为牛顿对三次曲线的计数不完全。

4 月 29 日　致信科茨，同意他 4 月 24 日信中的更正。修改命题 XXXI、命题 XXXIII 和命题 XXXIV 的措辞或数据。

5 月 1 日　科茨来信，对命题 XXIX 他采用月球轨道的半长轴与半短轴之比为 70∶69，并由此计算了命题中必须改动的数据。

尼古拉·伯努利访问伦敦，告诉牛顿他的叔父约翰·伯努利发现《原理》第二卷命题 X 有错误。这个错误是约翰·伯努利在 1710 年发现的，但他不打算告诉牛顿。

10 月 14 日　致信科茨，告诉他寄去关于彗星理论的结论应插入的位置。《原理》第二卷命题 X 有错误，需要重印大约一个半印张。牛顿正在改正错误，一旦正确的证明准备好后即寄给科茨，并愿意承担重印的费用。

1月31日 皇家学会收到去年12月29日莱布尼茨写来的信。

3月6日 针对莱布尼茨的要求，皇家学会成立一个仲裁委员会审查微积分的发明权。委员会的成员大都是牛顿的拥护者。

4月24日 仲裁委员会提出一份报告，其结论为牛顿是微积分的发明人。

弗拉姆斯蒂德的星表《天文志两卷》(*Historia Coelestis libri duo*)的初版发行。这是牛顿和哈雷等违背作者的意愿搞的，遭到了弗拉姆斯蒂德的强烈反对。

天文学家多米尼克·卡西尼(1625—1712)卒。

英国设立印花税。

1713年 71岁

3月2日 致信科茨，寄去《总释》(*Scholium Generale*)，用它结束全书。

3月5日 致信科茨，说1680年彗星的图尚在刻制中。随信还附有本特利给科茨的信，要科茨编一索引，并要他以自己的名义为《原理》第二版写一序言。

5月12日 推荐梅钦(John Machin)为格兰山姆学院(Gresham College)天文学教授。

5月22日 致信牛津伯爵(Earl of Oxford)，请求夏季对铸币进行新的检验。

6月30日 本特利来信，说《原理》第二版在剑桥印讫，并送给牛顿6册，200册送到法国和荷兰出售。(据本特利的印刷《原理》的费用表,《原理》第二版第一次共印刷了700册)。

7月13日　将一册新出的《原理》送给安妮女王,她表达了希望皇家学会"关心弗拉姆斯蒂德先生在格林尼治的天文台"。

7月30日　向皇家学会报告女王的旨意。

——————欧洲学界和社会大事记——————

8月1日　与哈雷一起到格林尼治访问弗拉姆斯蒂德。

1月　《科林斯的通信集》(*Commercium Epistolicum D. Johannis Collins,et aliorum de analysi promota ...*)出版。

2月　朋友哈利法克斯伯爵(First Earl of Halifax,蒙塔古的封号)在遗嘱中赠予牛顿100镑,卡瑟琳5000镑及其他权利。

7月　一张传单(Charta volans)在数学家中流传,牛顿称之为"飞书"。其作者是约翰·伯努利,内容是说上世纪70年代,牛顿只发明了无穷级数,他的流数是模仿的莱布尼茨微积分而得出的。

约翰·伯努利的《论重物的运动》(*De motu corporum gavium*)在《学者学报》上发表。

雅各·伯努利的遗著《推想的艺术》(*Ars Conjectandi*)出版。

英国和法国为西班牙王位继承权而进行的战争结束。

1714年　72岁

春　出席国会会议,对确定经度的方法设立奖金提出建议。

牛顿就乔治一世的加冕勋章咨询海因斯(Hompton Haynes)。此人的宗教观点与牛顿相同,牛顿可能通过他传播自己的宗教信念。

年底 写成《题为〈通信集〉的书的说明》(*An Account of the Book Entituled Commercium Epistolicum*),匿名发表在次年的《哲学汇刊》上。此文后被译成法文发表,并出版了英文和拉丁文本的小册子。

——————欧洲学界和社会大事记——————

莱布尼茨写成《微分学的历史和起源》(*Historia et Origo Calcui Differentialis*)一书。

《原理》第二版在阿姆斯特丹重印。

英国政府设立“经度委员会”,并设置高达两万英镑的奖金来征求精确测量经度的方法。

安妮女王(1665—1714,1702—1714在位)卒,乔治一世(George I)继位。

1715年　73岁

莱布尼茨向英国数学家,主要针对牛顿提出挑战:找出一已知曲线族的正交轨线的方法。牛顿解决问题了这一问题,其解答发表在次年的《哲学汇刊》上。

11月　会见因观测日食而访问伦敦的法国科学院院士。

与法国神父康蒂(Antonio Schinella Conti)谈论古代史和宗教。

11月　莱布尼茨与牛顿的朋友克拉克(Samuel Clarke)之间关于牛顿主义的通信(通过威尔士亲王的王妃卡罗琳(Princess Caroline))开始。

拉夫森的遗著《流数的历史》(*The History of Fluxions*)在伦敦出版。

泰勒(Brook Taylor)的《增量法及其逆》(*Methodus Incrementorum Directa et Inversa*)出版。

朋友哈利法克斯伯爵(即蒙塔古,1661—1715)卒,牛顿深感悲痛。

——欧洲学界和社会大事记——

苏格兰发生拥立詹姆士家族的叛乱。

1716 年　74 岁

威尔士王妃卡罗琳索要关于年代学的文稿,整理一份摘要送给她。

数学家,哲学家莱布尼茨(1646—1716)卒。他和牛顿的朋友克拉克之间关于牛顿主义的通信随之结束,莱布尼茨共写了五封信,攻击牛顿的时空观。

数学家科茨(1682—1716)卒。

议会将本身的任期延长为七年。

1717 年　75 岁

5 月 16 日　将画像赠给皇家学会。

6 月,结识康迪特(John Conduitt)。

8 月 26 日　康迪特与牛顿的外甥女凯瑟琳结婚。康迪特写了一些牛顿的逸事。

秋　写关于铸币的报告。

《光学》英文第二版出版,去掉了两篇数学论文,疑问(Queries)的数目从 16 个增加到 31 个。

————欧洲学界和社会大事记————

哈雷任皇家学会秘书，至 1721 年。

《已故博学的莱布尼茨先生和克拉克博士之间在 1715 年和 1716 年有关自然哲学原理及宗教的论文集》在伦敦出版。这是莱布尼茨和克拉克之间关于牛顿主义通信的结集。

斯特林(James Stirling)的《牛顿的三次曲线》(*Lineae Tertii Ordinis Newtonianae*)出版，其中给出了牛顿在《三次曲线枚举》断言的证明，并增加了牛顿没注意到的四类曲线。

1718 年　76 岁

由默雷(Thomas Murray)画像。

《光学》英文第二版再次发行。

————欧洲学界和社会大事记————

1 月　造币厂开始铸造半便士的铜币。

数学家拉伊尔(1640—1718)卒。

1719 年　77 岁

9 月 29 日　致信瓦里尼翁(Pierre Varignon)，说他打算修订《原理》。

《光学》拉丁文第二版出版。

————欧洲学界和社会大事记————

牛顿的朋友威金斯(？1644—1719)卒。

数学家罗尔(1652—1718)卒。

第一任皇家天文学家弗拉姆斯蒂德(1646—1719)卒。

英国和瑞典订立《斯德哥尔摩条约》。

1720 年　78 岁

8 月　由凯尔陪同去牛津。

《普遍的算术》英文第一版在伦敦出版,译者为拉夫森(Joseph Raphson)。

《光学》法文第一版(*Traitè d'Optique*)在阿姆斯特丹出版,译者为科斯特(Pierre Coste)。

为购买在伦敦郊区的三英亩土地支付 1712 英镑。

由内勒画像送给法国的比尼翁(Abbé Bignon)神父,后者曾把他的画像送给牛顿。这是内勒第三次为他画像。

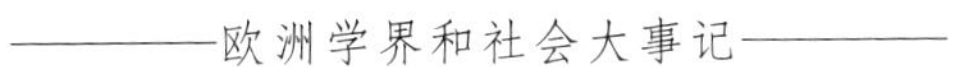

哈雷继任皇家天文学家。

南海公司倒闭,牵扯者甚多。牛顿的财产亦受到影响。

1721 年　79 岁

2 月 20 日　出席一年一度的林肯郡宴会。

2 月 23 日　与哈雷,司徒克雷(William Stukeley)共进早餐。牛顿抱怨弗拉姆斯蒂德不给他观测数据,所以他不欠弗拉姆斯蒂德的人情。

《光学》英文第三版出版。改动很小,几乎是第二版的重印。

《折射表》(*Tabula refractionum*)由哈雷发表在《哲学汇刊》31,no. 368, p. 172 上。

——欧洲学界和社会大事记——

沃波尔(Robert Walpole)任英国第一任首相。

1722 年　80 岁

将得到的第谷(Brahe Tycho)记录他对四颗彗星所观测的未发表的手稿赠给皇家学会,并命令学会出版。

《普遍的算术》拉丁文第二版出版。该版作者主要根据自己的手稿组织而成,而非拉丁文第一版的订正。

《光学》法文版在巴黎再版。

由牛顿修订的《科林斯的通信集》第二版在伦敦出版。

大病一场。开始患肾结石。

——欧洲学界和社会大事记——

科茨的遗著《调和测量或分析及综合》(*Harmonia mensurarum, sive Analysis et Synthesis*)在剑桥出版。

雅克·卡西尼的《论地球的形状和大小》(*De la grandeur et de la figure de la terre*)出版。

1723 年　81 岁

1 月 17 日　任命福尔克斯(Martin Folkes)为副会长,在他不能履行会长职责时,福尔克斯代理他的职务。

《原理》第二版在阿姆斯特丹重印。

9 月或 10 月　彭伯顿(Henry Pemberton)开始协助牛顿修订《原理》。

牛顿的数学论文集(琼斯编辑)在阿姆斯特丹重印。

拒绝给约翰·伯努利回信,关于微积分发明权的争论终于平息。

——欧洲学界和社会大事记——

雷恩(1632—1723)卒。

1724年 82岁

4月 继续写铸币报告。

——欧洲学界和社会大事记——

圣彼得堡科学院建立。

1725年 83岁

1月 患咳嗽,还感染了肺炎。由于健康原因,从圣马丁街搬到空气较好的肯辛敦(Kensington)居住。

2月 患痛风。

3月7日 与康迪特谈论了地球的未来,认为地球上的生命将由于落入太阳的大彗星而毁灭。

7月 宴请了来访的阿拉里神父(Abbé Alari),他是法王路易十五(Louis XV)的老师。

11月 写信对数学家麦克劳林(Colin Maclaurin)表示支持。

12月25日 与司徒克雷讨论所罗门王的宫殿。

牛顿的年代学著作的摘要《简要年表》(*Abrégé de la chronologie de M. Le Chevalier Newton*)的法文第一版在巴黎出版,译

者是弗雷列(Nicolas Fréret)。

《科林斯的通信集》第三版在伦敦出版。

弗拉姆斯蒂德的遗著《不列颠天文志》(*Historia Coelestis Britannica*),由他以前的两个助手编辑出版,共三卷。

英国与荷兰、法国、普鲁士缔结同盟,对抗西班牙与奥地利。

1726 年　84 岁

1 月 12 日　为《原理》第三版作序。

3 月 31 日　《原理》第三版出版。

5 月 13 日　指定皇家学会的一个委员会到格林尼治访问皇家天文学家哈雷。

5 月　捐献 3 英镑用于重修家乡科尔斯特沃斯教堂的地板。

——欧洲学界和社会大事记——

数学家尼古拉·伯努利(1695—1726)卒。

斯威福特(Jonathan Swift)的小说《格列佛游记》(*Gulliver's Travels*)出版。他是牛顿的外甥女凯瑟琳的朋友。

1727 年　85 岁

3 月 2 日　最后一次主持皇家学会会议。

3 月 4 日　回到肯辛顿。

3 月 15 日　病情有所好转。

3 月 18 日　上午读报,并与他的医生米德(Richard Mead)长时间交谈。

3 月 19 日　失去知觉。

3 月 20 日　在凌晨 1 点到 2 点之间逝世。

3 月 28 日　移灵于威斯敏斯特大教堂。

4 月 4 日　在威斯敏斯特大教堂下葬。

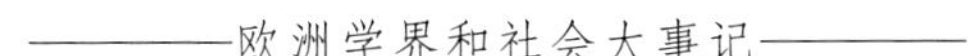

欧洲学界和社会大事记

伏尔泰访问伦敦,目睹了牛顿的葬礼。他后来成了牛顿学说的热心宣扬者。

乔治一世卒(1660—1727,1714—1727 在位),乔治二世(George II)继位。

地名对照表

英文	中文
Africa	非洲
Amazons, the river of	亚马逊河
America	美洲
Atlantic Ocean	大西洋
Avon, the river of	埃文河
Avranches	阿夫朗什
Bath	巴斯
Batshaw	巴特沙
Bermudas	百慕大
Bologna	博洛尼亚
Brazil	巴西
Bristol	布里斯托尔
Britain	不列颠
Cambaia	坎贝
Canary	加那利
Cape of Good Hope	好望角
Caresham	卡勒山姆
Cassiterides	卡西特里德斯
Chaldea	迦勒底
Chepstow	切普斯托
Chili	智利

China	中国
China Sea	中国海
Cochim	交趾
Dover	多佛
Durham	达勒姆
East Indies	东印度
Egypt	埃及
England	英格兰
Europe	欧洲
Falmouth	法尔茅斯
Florida	佛罗里达
France	法兰西
Gibraltar	直布罗陀
Greek	希腊
Hainan	海南
India	印度
Indian Ocean	印度洋
Ireland	爱尔兰
Japan	日本
London	伦敦
Magellanic Strait	麦哲伦海峡

Mediterranean	地中海
New France	新法兰西
Normandy	诺曼底
Pacific Sea	太平洋
Paris	巴黎
Pegu	勃固
Peru	秘鲁
Philippine	菲律宾
Plymouth	普利茅斯
Portland	波特兰
Portugal	葡萄牙
Quantung	广东
Roma	罗马
Samos	萨姆斯
Sorlings	索灵
South America	南美洲
Spain	西班牙
St. Augustin port	圣奥古斯丁港
St. Michael Montain	圣米歇尔山
Thames, River of	泰晤士河
Tunquin, Kingdom of	东京王国
Wight, island of	怀特岛
Winchester	温切斯特

人名对照表

英文	中文
Anaxagoras	安那克萨哥拉
Anaximander	阿那克西曼德
Aristarchus	阿里斯塔克斯
Aristotle	亚里士多德
Borelli, Giovanni Alfonso	博雷利
Boulliau, Ismael	布利奥
Calippus	卡利普斯
Cassini, Gian Domenico	卡西尼
Cassini, Jacques	雅克·卡西尼
Colepress, Samuel	科尔普雷斯
Copernicus, Nicolas	哥白尼
Crabtrie(或 Crabtree) ,William	克拉卜特瑞
Cysat, Johann Bapist	齐扎特
Democritus	德谟克利特
Descarts, Renè	笛卡儿
Ducas, Michael	迈克尔·杜卡斯
Estancel ,Valentin	瓦伦廷·斯坦塞尔
Eudoxus	欧多克斯

Flamsteed, John	弗拉姆斯蒂德
Galileo, Galilei	伽利略
Gallet, Jean Charles	加莱
Halley, Edmond	哈雷
Hewelcke, Johannes	赫维留
Hooke, Robert	胡克
Horrox, Jeremiah	霍罗克斯
Huygens, Christiaan	惠更斯
Justin	查士丁
Kepler, Johannes	开普勒
Kircher, Athanasius	基歇尔
Magellan,Ferdinand	麦哲伦
Marius, Simon	西蒙·马里乌斯
Müller, Johann	约翰·米勒
Nowton, Isaac	牛顿
Numa Pompilius	努马·庞皮利乌斯
Paris ,Mattew	帕利斯·马太
Philolaus	菲洛劳斯
Picard, Jean	皮卡德
Plato	柏拉图
Ptolemy	托勒密
Pythagoras	毕达哥拉斯

Riccioli, Giambattista	利奇奥里
Römer, Ole	罗默
Simeon, of Durham	西米恩(达勒姆的)
Sturmy, Samuel	斯图米
Townley, Richard	汤利
Tycho, Brahe	第谷
Vendelin, Bernard	文德林
Wallis, John	沃利斯
Wren, Sir Christopher	克利斯托弗·雷恩爵士

图书在版编目(CIP)数据

论宇宙的体系/(英)伊萨克·牛顿著;赵振江译.—北京:商务印书馆,2017
(汉译世界学术名著丛书:120年纪念版:珍藏本)
ISBN 978-7-100-14750-7

Ⅰ.①论… Ⅱ.①伊… ②赵… Ⅲ.①宇宙学—研究
Ⅳ.①P159

中国版本图书馆CIP数据核字(2017)第159851号

汉译世界学术名著丛书
(120年纪念版·珍藏本)
论宇宙的体系
〔英〕伊萨克·牛顿 著
赵振江 译

商 务 印 书 馆 出 版
(北京王府井大街36号 邮政编码100710)
商 务 印 书 馆 发 行
北 京 冠 中 印 刷 厂 印 刷
ISBN 978-7-100-14750-7

2017年12月第1版 开本710×1000 1/16
2017年12月北京第1次印刷 印张13¼
定价:68.00元